奄美大島・徳之島の自然 上巻

希少野生動物の宝庫

国立公園 奄美群島

－奄美大島・喜界島・徳之島・沖永良部島・与論島－

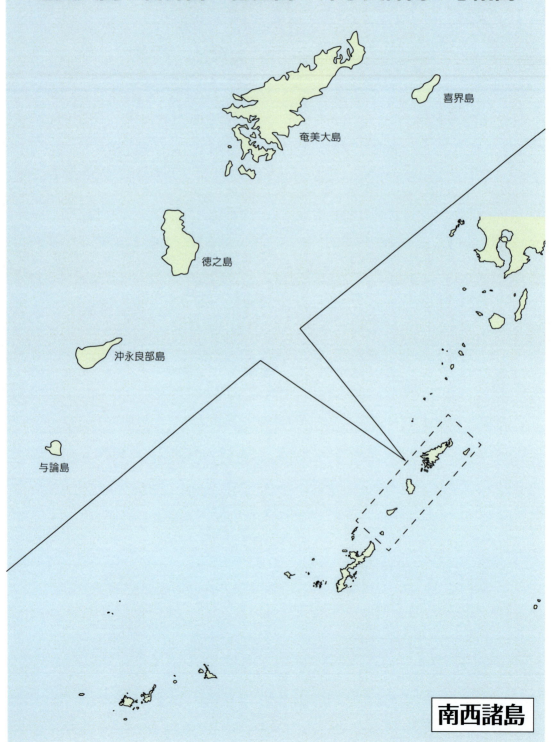

はじめに

　日本列島の南端部、東シナ海と太平洋の間に約 1,200 kmにわたって弧状に連なる南西諸島は、動植物の固有種や固有亜種の多さから、"東洋のガラパゴス"とも呼ばれる島々です。世界的にも貴重な生物種が多数生育・生息する特異な生物相は、多様な野生生物とともに世界の注目を集めています。

　その中にあって鹿児島県の奄美大島と徳之島、沖縄県の沖縄島北部と西表島の四つの地域は、自然の豊かさと生物の多様性がひと際貴重であることから、残すべき自然遺産として近年保護活動に力が入れられるようになりました。

　奄美の自然が世界的に注目されるきっかけになったのは、国際自然保護連合(IUCN)発行の1969(昭和44)年版「THE RED BOOK」Wildlife in Danger の中で奄美大島と徳之島に生息するアマミノクロウサギが、「絶滅の危機にある種」と紹介されたことだったとも言えます。以来、鳥類保護団体のバードライフ・インターナショナルは、南西諸島を「地域固有種の多い地域」として「エンデミック・バードエリア(EBA)」に指定し、アメリカに本拠を置く環境保護団体コンサベーション・インターナショナル(CI)は、2004(平成16)年「生物多様性ホットスポット」の最新版を公表し、日本列島を含めた34カ所が地球上でも特に生物多様性の高い重要な地域として選定するなど、南西諸島は世界から注目を集めるエリアになりました。

本著では主に、奄美大島と徳之島に視点を置き、貴重な動植物を紹介しながらそれらを育む南西諸島の豊かな自然を紹介していきます。

　《上巻》では、一般的に希少動物とされている固有種、天然記念物、絶滅危惧種の紹介が主になっています。本書が対象とした生物群は、哺乳類、鳥類、爬虫類、両生類の脊椎動物が主で、一部魚類、甲殻類も紹介しました。陸上動物の昆虫類、陸産貝類、汽水・淡水産十脚甲殻類やクモ、ダニ、ウズムシ、ヤスデ、ワラジムシ、ザトウムシなどの無脊椎動物は対象外としました。

　《下巻》では、生物の多様性を育む生息環境（生態環境）をより深く紹介してまいります。

　奄美の魅力を再発見してもらうために、奄美の生物を研究している研究者の論文や著書を参考に、筆者の体験を通して得た成果を述べました。しかし、一般の読者には難解で興味の湧きにくい内容になってしまいがちなことから、小学高学年生にも理解してもらえるよう写真などをふんだんに使って、楽しみながら学んでもらうことを心がけました。

　近年、奄美大島、徳之島において、諸問題による自然破壊が進行し、貴重な生き物たちが滅びようとしています。自然豊な奄美が永遠に存続することを願っています。

鮫島　正道

もくじ

はじめに

序　章　奄美大島・徳之島を代表する自然景観・・・・・・・・・・・・・・・11

第1章　希少野生動物の宝庫・奄美大島と徳之島・・・・・・・・・・・・・22
　1．南西諸島と薩南諸島・奄美諸島の位置・・・・・・・・・・・・24
　2．南西諸島の生い立ち（地史・気候・動物地理区）・・・・・・26
　3．生息地の「生態系」と「生物多様性」の評価・・・・・・・・・28

第2章　希少野生動物とは・・・・・・・・・・・・・・・・・・・・・・・・・30
　1．奄美大島・徳之島の固有種・天然記念物・絶滅危惧種・・・32
　　　（1）　固有種(endemic species)　（2）天然記念物　（3）絶滅危惧種

第3章　奄美大島・徳之島の希少野生動物 ―固有種・天然記念物・絶滅危惧種―・・・40
　1．哺乳類・・・・・・・・・・・・・・・・・・・・・・・・・・・・・・・42
　　　（1）アマミノクロウサギ（2）ケナガネズミ（3）アマミトゲネズミ（4）トクノシマトゲネズミ
　　　（5）オリイコキクガシラコウモリ（6）オリイジネズミ（7）ワタセジネズミ（8）リュウキュウイノシシ
　2．鳥類・・・・・・・・・・・・・・・・・・・・・・・・・・・・・・・・58
　　　（1）ルリカケス（2）オーストンオオアカゲラ（3）アカヒゲ（4）オオトラツグミ（5）カラスバト
　　　（6）ミサゴ（7）ツミ（8）アマミヤマシギ（9）セイタカシギ（10）シロチドリ（11）コアジサシ
　　　（12）ベニアジサシ（13）ヒクイナ（14）ミフウズラ
　3．爬虫類・・・・・・・・・・・・・・・・・・・・・・・・・・・・・・・88
　　　（1）オビトカゲモドキ（2）アカウミガメ（3）アオウミガメ（4）バーバートカゲ
　　　（5）オキナワキノボリトカゲ（6）オオシマトカゲ（7）ヒャン（8）ハイ（9）アマミタカチホヘビ
　　　（10）トカラハブ（11）徳之島のアオカナヘビ
　4．両生類・・・・・・・・・・・・・・・・・・・・・・・・・・・・・・・112
　　　（1）イボイモリ（2）アマミイシカワガエル（3）オットンガエル（4）アマミハナサキガエル
　　　（5）アマミアカガエル（6）シリケンイモリ
　5．魚類・甲殻類・・・・・・・・・・・・・・・・・・・・・・・・・・126
　　　（1）リュウキュウアユ（2）オカヤドカリ

CONTENTS

第4章　奄美群島産陸生脊椎動物のすべて ―奄美群島の野生動物図鑑―・・・・・・・・・132
　1．哺乳類・・134
　　　ワタセジネズミ・オリイジネズミ・リュウキュウジャコウネズミ・オリイオオコウモリ・
　　　オリイコキクガシラコウモリ・ヤンバルホオヒゲコウモリ・リュウキュウユビナガコウモリ・
　　　リュウキュウテングコウモリ・スミイロオヒキコウモリ・アマミノクロウサギ・ヨウシュハツカネズミ・
　　　アマミトゲネズミ・トクノシマトゲネズミ・マレーシアクマネズミ・ヨウシュドブネズミ・ケナガネズミ・
　　　コイタチ・フイリマングース・ノネコ・リュウキュウイノシシ（図　哺乳類の各部位名称ほか）
　2．鳥類（留鳥及び夏鳥の繁殖鳥）・・・・・・・・・・・・・・・・・・・・・・・・140
　　　カイツブリ・リュウキュウヨシゴイ・クロサギ・ミサゴ・リュウキュウツミ・キジ・リュウキュウヒクイナ・
　　　シロハラクイナ・バン・ミフウズラ・セイタカシギ・コアジサシ・ベニアジサシ・シロチドリ・
　　　アマミヤマシギ・カラスバト・リュウキュウキジバト・リュウキュウズアカアオバト・リュウキュウコノハズク・
　　　リュウキュウアオバズク・カワセミ・リュウキュウアカショウビン・オーストンオオアカゲラ・アマミコゲラ・
　　　リュウキュウツバメ・リュウキュウサンショウクイ・アマミヒヨドリ・アカヒゲ・イソヒヨドリ・オオトラツグミ・
　　　リュウキュウウグイス・セッカ・アマミヤマガラ・アマミシジュウカラ・リュウキュウメジロ・スズメ・
　　　ルリカケス・リュウキュウハシブトガラス　（図　鳥類の各部位名称ほか）
　3．爬虫類・・150
　　　アオウミガメ・アカウミガメ・ミナミヤモリ・ホオグロヤモリ・タシロヤモリ・オビトカゲモドキ・
　　　オキナワキノボリトカゲ・バーバートカゲ・オオシマトカゲ・ヘリグロヒメトカゲ・アオカナヘビ・
　　　メクラヘビ・アマミタカチホヘビ・リュウキュウアオヘビ・アカマタ・ガラスヒバァ・ヒャン・ハイ・
　　　ヒメハブ・ハブ・トカラハブ　（図　爬虫類の各部位名称ほか）
　4．両生類・・156
　　　イボイモリ・シリケンイモリ・ハロウェルアマガエル・アマミアカガエル・ヌマガエル・ウシガエル・
　　　アマミハナサキガエル・アマミイシカワガエル・オットンガエル・アマミアオガエル・
　　　リュウキュウカジカガエル・ヒメアマガエル　（図　両生類の各部位名称ほか）

おわりに・謝辞
参考書・引用文献・索引

序章　奄美大島・徳之島を代表する自然景観

森

いろいろな緑が織りなす奄美の森
植物の種類の多さを物語ります
シイの実は森の動物への贈り物

序　章　奄美大島・徳之島を代表する自然景観

スダジイの原生林 (奄美大島・龍郷町奄美自然観察の森)

樹 オキナワウラジロガシ
発達した板根は高い幹を支えます

板根（徳之島・天城町丹発山）

序　章　奄美大島・徳之島を代表する自然景観

谷沿いの森の樹々には、
シマオオタニワタリが着生します

着生植物（徳之島・天城町三京）

水 原始の森の渓流は希少なカエルたちの繁殖地

秋利神川源流（徳之島・天城町三京）

序　章　奄美大島・徳之島を代表する自然景観

豊かな水が森を潤す
島の高い峰々は雨雲を招き
恵みの雨を多量にもたらします

住用川源流域のマテリヤの滝（奄美大島・大和村福元）

潟

干潟とマングローブ（奄美大島・奄美市西仲間）

序　章　奄美大島・徳之島を代表する自然景観

河口に広がる遠浅の海
潮が引くと干潟になる
干潟に広がった林を
マングローブと呼びます

海

陸と海の境界は
生きものたちのホットスポット

犬の門蓋（徳之島・天城町平土野兼久）

序　章　奄美大島・徳之島を代表する自然景観

アダンは砂丘の後方に発達します
砂浜は漂着植物の終の棲家です

サンゴ礁の砂浜(徳之島・徳之島町畦のプリンスビーチ)

第一章 希少野生動物の宝庫・奄美大島と徳之島

アマミイシカワガエル
鹿児島県指定天然記念物

アマミノクロウサギ
国指定特別天然記念物

第1章　希少野生動物の宝庫・奄美大島と徳之島

国指定天然記念物

　奄美・琉球の島々は、地史・気候・位置・地形・地質・面積・植生などの違いによって、特定の島、あるいは複数の島だけに見られる動物、また、各島に共通の動物や、島ごとに変異性が認められている動物などがいます。その中でも最大の特徴は、「古いタイプの動物」が今でも生き続けていることです。

　特徴は、南西諸島の生い立ち「地史」と「気候」にあります。島々は過去に地殻の変動などで大陸と結合や分断を繰り返した歴史があります。また、それぞれの島々は、海洋に浮かぶ島嶼であり、モンスーン（季節風）や海流（黒潮）等の諸条件の影響をうけ、緯度から見て、世界的にめずらしい亜熱帯照葉樹林が奇跡的に発達しています。そこには、その地域しか見られない動植物の固有種・固有亜種が数多く生育・生息しています。

　太古の昔、草食恐竜の餌を連想させる大型の木生ヘゴのヒカゲヘゴ群落や、生きた植物化石と呼ばれるソテツの大群落を見ることができます。

　この章では、南西諸島の生い立ち・奄美大島・徳之島の「生態系」と「生物多様性」の評価について紹介します。

1. 南西諸島と薩南諸島・奄美諸島の位置

　南西諸島は日本の南西部に弧状に連なる列島の総称で、かつては中国大陸の東縁に位置し、日本列島とともに大陸から分離して形成された島嶼です。琉球列島と称されることもあります。

　北から大隅諸島・トカラ列島・奄美諸島・沖縄諸島・宮古諸島・八重山諸島と続き、尖閣諸島・大東諸島を含めて、南西諸島（南島）と称されます。諸島と呼ばれる島嶼群が複雑なため、図によって「南西諸島と薩南諸島・奄美諸島の位置」を確認してください。

　地理的に島は海洋島と大陸島に区分されますが、南西諸島は大陸島です。大陸の周辺に存在し、大陸棚の上に位置している島で、比較的浅い海によって大陸から離れています。過去新生代第四紀の氷期の海退で生じた陸橋によって連なった歴史をもっている島々です。

　南西諸島の周辺海域の海底地形概略は、島々の動物相を類推する材料として極めて重要なことがらです。

　動物の地理的分布を具体的な例で考えてみることにします。奄美大島・徳之島のアマミノクロウサギは、単に現在の環境条件の反映ではなく、奄美大島・徳之島はいつごろ現在のような島になったのか、そのときどのような動物たちが島に取り残され、どのような環境に耐え現在に至ったのか、地質時代からの長い歴史的変遷の中で、興亡の道をたどった結果を考える必要があります。

　世界の動物地理区とは、動物相の特徴に基づいて、世界を区分した地域のことです。それは旧北区・新北区・エチオピア区・東洋区・新熱帯区・オーストラリア区の六つの区に分けられます。

　日本の動物地理区では、その多くは旧北区に含まれていますが、トカラ列島の宝島・小宝島から以南が東洋区に含まれています。日本列島の生物地理境界線は、それぞれが日本における生物相の重要な境界線になっています。南西諸島には、三宅線（大隅海峡）・渡瀬線（トカラ海峡）・蜂須賀線・南先島諸島線が存在します。

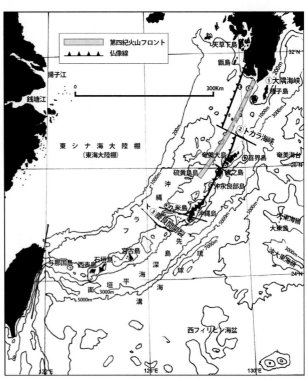

南西諸島と周辺海域の海底地形概略（中村和郎ほか「日本の自然　地域編　南の島々」より一部改変）
①大隅海峡：三宅線、②トカラ海峡：渡瀬線、③慶良間海裂：蜂須賀線

第1章 希少野生動物の宝庫・奄美大島と徳之島

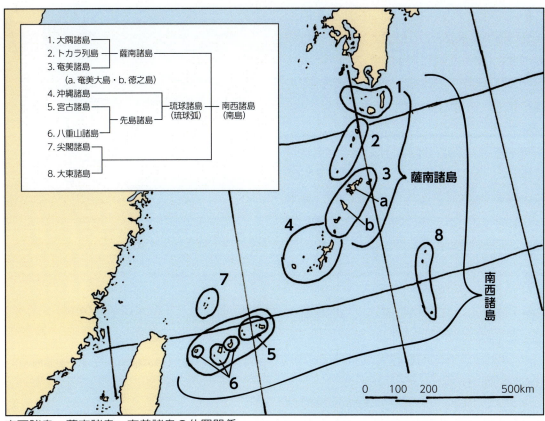

南西諸島・薩南諸島・奄美諸島の位置関係

日本の動物地理区

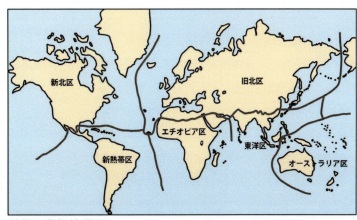

世界の動物地理区

2. 南西諸島の生い立ち（地史・気候・動物地理区）

　南西諸島は新生代第三紀に中国大陸より、山脈のある半島部として事実上分離し、琉球弧が形成されました。そしておよそ200万年前に完全に「列島」として分離した上に、諸島内での島の統合・分離を繰り返して現在に至っています。

　島の統合・分離には氷河期の海進や海退が影響していることは確かで、動物相の歴史的形成過程を一概に述べることは困難ですが、陸地伝いに這うような方法で分布を広げる動物群については地史との深い関係がみられます。このことの反映は、大陸から渡来した動物が主体となり、一般に固有種が少ないといった現象がみられます。しかし、島の成立が古い奄美大島・徳之島の場合には海洋島に似た様相がみられ、固有種の多い特異な動物相を形成しています（佐藤：1994）。

　それぞれの島々は、海洋に浮かぶ島嶼であり、モンスーン（季節風）や海水・海流（黒潮）などの諸条件の影響をうけ、雨・風・湿度・気温など特異な条件が関わって、緯度から見て、世界的にめずらしい亜熱帯照葉樹林が奇跡的に発達しています。

　南西諸島の地史と動物地理区に関しては、3つの島群に分かれた動物地理区の考えがあります。南西諸島（琉球列島）の形成史を、北琉球弧（トカラ海峡以北）、中琉球弧、南琉球弧（慶良間海裂以南）に分けています（氏家：1996）。さらに詳細に述べれば、大隅諸島と悪石島以北のトカラ列島は"北琉球"、小宝島以南のトカラ列島と奄美諸島・沖縄諸島は"中琉球"、宮古諸島と八重山諸島は"南琉球"になります（水田：2016）。

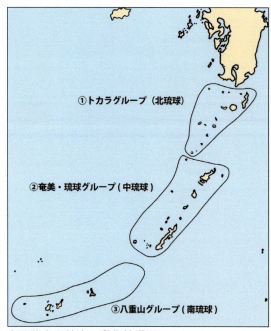

南西諸島の地史と動物地理区

南西諸島の地史と3つの島群に分かれた動物地理区
①トカラグループ（北琉球）ートカラ列島の悪石島あたりまで、かつてのトカラ海峡以北の島々。
　この島群は、琉球弧内帯に属し、地史的に最も新しく、多くの火山島を含み、そのほとんどは現在なお活火山である。
②奄美・琉球グループ（中琉球）ートカラ列島宝島を含め、奄美大島と沖縄諸島の島々（久米島も含む）。
　この島群は、琉球弧外帯で、地史的に最も古い非火山島で、ところどころに古生代の地層がみいだされる。日本列島の中でも地史的に最も古い所もあり、この島群に分布する動物には原始的な種あるいは独特な固有種が多い。また喜界島・沖永良部島・与論島などのような新しい隆起サンゴ礁からなる島もある。
③八重山グループ（南琉球）ー宮古、八重山各諸島（先島諸島）である。
　この島群は、石垣島、西表島、与那国島などに中生代の地層が広く見られるほか、宮古島など隆起サンゴ礁からなる島も多い（佐藤：1994）。

メモ
　奄美大島と徳之島は、奄美・琉球グループに入り日本列島の中でも地史的に最も古い所もあり、この島群に分布する動物には、①南方系（熱帯系）の種が多い、②種・亜種レベルでの固有率が高い、③原始的な残存種が多い、という特徴があります。

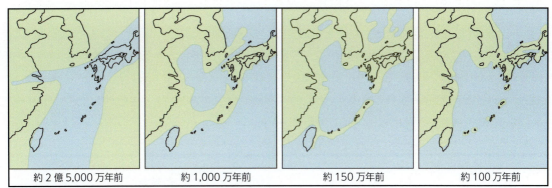

| 約2億5,000万年前 | 約1,000万年前 | 約150万年前 | 約100万年前 |

南西諸島の生い立ち(木崎甲子郎編著「琉球の自然史」より)

地質時代の年代区分(佐藤正孝編著「新版種の生物学」)

新生代 Cenozoic	第四紀 Quaternary	完新(沖積)世 Holocene		1万年
		更新(洪積)世 Pleistocene		200万年
	第三紀 Tertiary	鮮新世 Pliocene	新第三紀 Neogene	500万年
		中新世 Miocene		2000万年
		漸新世 Oligocene	古第三紀 Paleogene	3600万年
		始新世 Eocene		5800万年
		暁新世 Paleocene		7000万年
中生代 Mesozoic	白亜紀 Cretaceous			1億2500万年
	ジュラ紀 Jurassic			1億8000万年
	三畳紀 Triassic			2億3500万年
古生代 Paleozoic	ペルム紀 Permian			2億7000万年
	石炭紀 Carboniferous			3億5500万年
	デボン紀 Devonian			4億400万年
	シルル紀 Silurian			4億4400万年
	オルドビス紀 Ordvisian			5億年
	カンブリア紀 Cambrian			5億4000万年
原生代 Protozoic 始生代 Archaeozoic	先カンブリア紀 Precambrian			26億年
				45億年

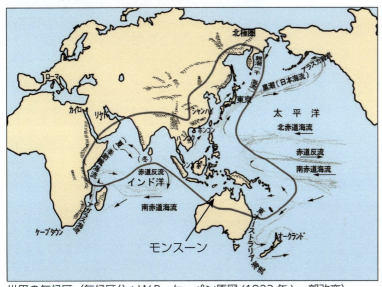

世界の気候区(気候区分:W.P. ケッペン原図(1923年)一部改変)

3. 生息地の「生態系」と「生物多様性」の評価

　世界自然遺産には、自然景観、地形・地質、生態系、生物多様性の４つの価値基準（クライテリア）があります。そのうち１つ以上を満たしている必要があると示されています。その他に、①完全性（欠点や不足がないさま）の条件を満たしていること。②確実に保護を担保する適切な保護管理体制であること、などが世界自然遺産登録の必要条件として挙げられています。

　奄美の場合、特に②に関しては、希少動物を捕食する特定外来生物のフイリマングースやノネコ（本来の飼い猫が放置され野生化したネコ）などの管理体制がいまだに不十分であることが問題として残っています。

　日本政府は、世界自然遺産登録に際し、奄美大島・徳之島の特に有望な価値基準として、「生物多様性」を評価しました。

　「生態系」の価値とは、島々に閉じ込められた動植物が島ごとに別々の種に進化するという種分化の証拠がみられることだとされています。また、一般的な定義として、「生態系」とは、陸上・淡水域、沿岸および海洋の生態系、動植物群集・群落の進化や発展において、進行しつつある重要な生態学的・生物学的過程を代表する顕著な例であることと述べられています。

　「生物多様性」の価値とは、アマミノクロウサギのように古い時代に大陸で誕生した多くの動植物が絶滅せずに生き延びて国際的な希少種となっていることです。世界自然保護基金（WWF）の生物多様性定義によれば、種、遺伝子、生態系の３つのレベルからなっています。一般的な定義としては、学術上、あるいは保全上の観点から見て、顕著で普遍的な価値をもつ絶滅のおそれのある種を含む、生物の多様性の野生状態における保全にとって、最も重要な自然のなかに生育・生息地を含む、とあります。

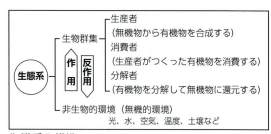

生態系の構造

生態系の種類

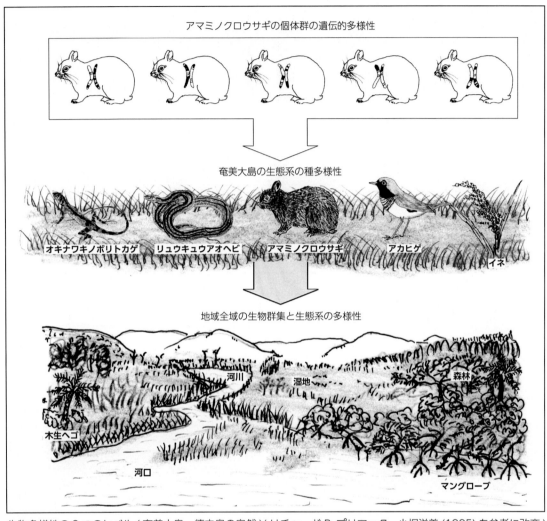

生物多様性の3つのレベル（奄美大島・徳之島の自然）（リチャードB. プリマック・小堀洋美(1995)を参考に改変）

生物多様性の3つのレベル

生物多様性には、3つのレベルの多様性がある。
(1) 遺伝子の多様性（おのおのの種に内在する遺伝的変異）
(2) 種の多様性（おのおのの生態系に存在するすべての種）
(3) 生物群集／生態系の多様性（各地域内に存在する多様な生息地の種類と生態系の過程）

第二章 希少野生動物とは

オットンガエル
奄美大島だけに生息する固有種

オビトカゲモドキ
徳之島だけに生息する固有種

第 2 章　希少野生動物とは

代表的な特別天然記念物、奄美大島と徳之島の固有種

　希少野生動物とは、生息数の少ない種のことです。希少となった種は最優先に守らないと、手遅れになってしまう場合があります。希少種となると、開発行為の際に保全対策が講じられる対象となります。

　保全生物学は、生物の多様性が直面している危機に呼応して発達した学際的科学です。保全生物学には二つの目標があります。第一に、人間活動が、生物の種、生物群集、生態系に与える影響を研究すること。第二に、種の絶滅を防ぐための実際的な方法を開発することです。

　現在、遺伝子・種・生態系の3つのレベルでの生物多様性の急速な減少は、日本ばかりでなく、世界各地で生じています。この生物多様性の急速な減少の主要な原因は自然現象でなく、人間（ホモ・サピエンス）という単一種が引き起こしているといわれています（小堀:1997）。

　現在、世界中で野生生物の絶滅の危険性が高まっています。日本でも、哺乳類や鳥類などの主な分類群で、全種の30％前後の種が「絶滅危惧種」と考えられています。南西諸島のほとんどは有人の島々であり、人間活動の影響を受けています。野生生物絶滅は、開発、採取・乱獲、環境汚染が主な原因といわれています。

1.奄美大島・徳之島の固有種・天然記念物・絶滅危惧種

　南西諸島の島嶼は「東洋のガラパゴス」とも称され、多くの固有種や固有亜種を有する多様な野生生物を保持し、わが国でも屈指の希少野生動物の宝庫です。また生物地理学的にも興味深い地域で、動物分布でみると、奄美諸島以南の動物相は明らかに南方型の種が主たる要素となっています（池原：1996）。

　地球上の陸地は、地質時代から互いに離れたりくっついたりしてきました。そのため、早くはなれて孤立した陸地には、その地域独特の生物種（固有種）が多く見られます。南西諸島はまさに固有種の多い島嶼であり、希少野生動物のホットスポットです。

　天然記念物は「文化財保護法」で指定されています。南西諸島の中でも奄美大島と徳之島はかつて大陸からのびる陸橋の最先端に位置し、最も古い時代に孤立した島々であり、太古からの遺存種で学術的に貴重なアマミノクロウサギの特別天然記念物をはじめ「生きた化石」ともいわれるイボイモリなどの天然記念物が多数生息しています。

　絶滅危惧種とは、絶滅の危機に瀕した種のことで、一般には比較的最近における人間活動により、生息地破壊などに伴う個体群の直接的・間接的影響を受けている種の事で、「種の保存法」で指定されています。絶滅危惧のカテゴリーには段階があり、南西諸島には特に重要なカテゴリーに指定された種が多数生息しています。

ルリカケス

アマミイシカワガエル

オビトカゲモドキ

世界の自然保護の流れ

　希少野生動物とは、生息数が少なくなった種のことで、何らかの影響で個体数が減ってしまった種、あるいは個体数を増やすことのできない生態的な性質のある種をいいます。

　国際的な自然保護の流れが、貴重な自然や動植物を護るための条約や法律ができました。世界の希少な自然や野生生物を保護しようという運動(世界の動き)が起こり、この目的を実行するために、世界中の国々の約束事としての【国際条約】ができました。さらにそれぞれの国において条約を守り、目的を達成するために、【法律】や【条例】が制定され保護活動が行われています。

　最近の環境関連法の制定や改正の背景となっているのが、国際法である①生物多様性条約、②ラムサール条約、③世界遺産条約、④ワシントン条約、⑤気候変動枠組条約の5つの環境に関連する【条約】です。日本の国内法での法律には、環境関連法全体に関わる【法律】として3つ、次いで種の保護・保全・防除に関する法律として4つがあります。

　わが国では日本の国内法のなかで、文化財保護法における【天然記念物】、そして絶滅のおそれのある野生動植物の種の保存に関する法律(略称・種の保存法)で【レッドリスト】に掲載された動物種が「希少野生動物」として扱われています(★印)。

　奄美大島・徳之島の両島に生息する動物の中で希少野生動物は47種ほどあります。

```
┌─────────────────────────────────────────┐
│               世界の動き                │
├─────────────────────────────────────────┤
│ 1948  IUCN 国際自然保護連合 創設          │
│ 1961  WWF 世界自然保護基金 設立           │
│ 1966 「絶滅への道—The Road to Extinction」│
│       (レッド・データ・ブックの発刊)      │
│ 1980  WWF・IUCN・UNEP(国連環境計画)が     │
│       世界環境保全戦略(WCS)報告書をまとめ、│
│       各国に提言                          │
│       ①世界の森林の保全                   │
│       ②ウェットランドの保全               │
│       ③種の多様性の保存                   │
│ 1991 「かけがえのない地球を大切に」刊行    │
│ 1992 「世界生物多様性戦略」刊行            │
│      「生物多様性保全」刊行                │
└─────────────────────────────────────────┘
```

```
┌─────────────────────────────────────────┐
│               国際条約                  │
├─────────────────────────────────────────┤
│ 1971  特に水鳥の生息地として国際的に重要  │
│       な湿地に関する条約(ラムサール条約)  │
│ 1972  世界の文化遺産及び自然遺産の保護に  │
│       関する条約(世界遺産条約)            │
│ 1975  絶滅のおそれのある野生動植物の種の  │
│       国際取引に関する条約(ワシントン条約)│
│ 1993  生物の多様性に関する条約(生物多様性 │
│       条約)                               │
│ 1994  気候変動に関する国際連合枠組条約    │
│       (気候変動枠組条約)                  │
└─────────────────────────────────────────┘
```

```
┌─────────────────────────────────────────┐
│               日本の法律                │
├─────────────────────────────────────────┤
│ ★1950   文化財保護法                     │
│  1951   森林法                            │
│  1957   自然公園法                        │
│  1972   自然環境保全法                    │
│  1973   改正  公有水面埋立法              │
│  1978   改正  水質汚濁防止法              │
│  1984   湖沼水質保全特別措置法            │
│ ★1992   絶滅のおそれのある野生動植物の種 │
│         の保存に関する法律                │
│  1993   環境基本法                        │
│  1997   環境影響評価法                    │
│  1997   改正  河川法                      │
│  1999   改正  鳥獣の保護及び狩猟の適正化に│
│               関する法律                  │
│  1999   改正  海岸法                      │
│  1999   制定  食料・農業・農村基本法      │
│  2000   改正  国有林野の管理経営に関する法律│
│  2001   改正  森林・林業基本法            │
│  2001   改正  土地改良法                  │
│  2003   自然再生推進法                    │
│  2004   特定外来生物法                    │
└─────────────────────────────────────────┘
```

★印は、生物種名が出てくる希少種に関係する法律

（1）固有種（endemic species）

　　ある生物の分布が特定の地域に限定される現象を固有、これを示す生物を固有種（固有生物）といいます。分布圏の大小を問わず、また生物の分類群の階級は種（固有種）に限定しません。しかし地域は1大陸を超えないのが普通で、それ以上広い分布の時は汎存（汎存種）とよびます。固有生物には次第に分布圏を拡大する傾向のものと、逆に次第に減少ないしは停頓状態に止まるものがあります。前者はJ.C.willis(1918)の説くものにあたり、進化的に若い群であり、後者はH.N.Ridley(1925)のepibiotic endemismで、進化史上古い群にあたるといわれます。島の生物は海による隔離のため固有性が高い傾向があります（水田：2016）。

　　南西諸島には、日本の他の地域には見られない固有種が豊富なことはよく知られています。まさに奄美大島・徳之島の固有種は次第に減少ないしは停頓状態（ゆきづまる）に陥っています。奄美大島だけに生息する鳥類のルリカケス・オオストンオオアカゲラ・オオトラツグミはエンデミックバードといえます。奄美大島・徳之島だけに生息する哺乳類のアマミノクロウサギ、両生類のオットンガエル・アマミイシカワガエルは奄美大島だけ、爬虫類のオビトカゲモドキは、徳之島だけに生息します。

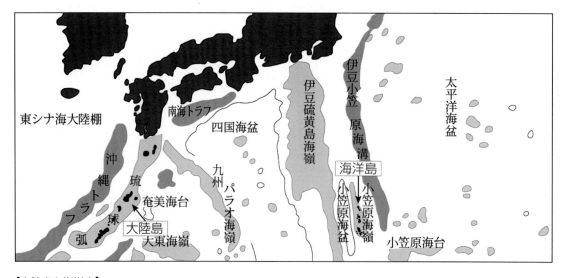

【大陸島と海洋島】
　　地理的に、島は海洋島と大陸島に区分されます。大陸の周辺に存在し、大陸棚の上に位置している島を大陸島とよび、比較的浅い海によって大陸から離れています。それゆえに、過去新生代第四紀の氷期による海退によって生じた陸橋によって連なった歴史をもっている島です。このことの反映は、大陸から渡来した動物が主体となり、一般に固有種が少ないといった現象がみられます。しかし、大陸から分離した地質時間の相違によって動物相にもいろいろな変化が認められ、島の成立が古い場合には海洋島に似た様相がみられることもあります（佐藤：1994）。
　　海洋島は、大陸から遠く離れていることはもちろん、主として火山活動の結果、生成された島で、その島の成立以来大陸と陸続きになったことのない島です。このため、動物がいろいろな手段で渡来、そして定着し得た種類だけが生息していることから、固有種の多い特異な動物相を形成しているといった現象があります。ハワイ諸島やガラパゴス諸島は、この例として有名ですが、日本列島近海では小笠原諸島がこの海洋島です。

遺存固有種	新固有種
アマミノクロウサギ	ガラスヒバァ
ルリカケス	ハナサキガエル
オットンガエル	オキナワキノボリトカゲ

【遺存固有種と新固有種】
　奄美群島は遅くとも前期更新世（約170万年前）までに島嶼化しており、そこに分布していた生物は以降大陸の個体群から隔離されました。これらの生物の中には、大陸の個体群がなんらかの理由で絶滅し、この地域だけに生き残ったり、隔離された後にさらに複数の種に分化したりするものがありました。このようにして誕生した生物が、現在南西諸島にしかいない「固有種」です。なお、大陸では絶滅しこの地域だけに生き残った種は「遺存固有種」と呼ばれ、この地域に隔離された後にさらに分化した種は「新固有種」と呼ばれます（水田：2016）。
　南西諸島はその位置・地史的要因・亜熱帯気候などからみて、動物分布学上非常に興味ある地域です。
「遺存固有種」アマミノクロウサギ・ルリカケス・オットンガエル等
「新固有種」ガラスヒバァ・ハナサキガエル・オキナワキノボリトカゲ等

(2) 天然記念物

　天然記念物は文化財の中の一部門であり、文化財の分類で示しました。これら文化財は、我が国の永い歴史の中で生まれ、育まれ、今日まで守り伝えられてきた貴重な国民的財産といえます。文化財は、我が国の歴史、文化などの正しい理解のために欠くことのできないものであると同時に、将来の文化の向上発展の基礎をなすものです。

　天然記念物は、自然を記念するものとして、国によって指定された学術上貴重な動物、植物、地質・鉱物と、それらに富む天然保護区を指し、「我が国にとって学術上価値の高い動物・植物・地質鉱物（それらの存する地域を含む）でその保護保存を主務官庁から指定されたもの。」として定義されます。

　天然記念物には、地域を定めないで、動物、植物、地質・鉱物そのものが単独で指定されているものと、種及びその生息地（動物）・生育地（植物）・産地（地質・鉱物）が同時に指定されているものとの二通りがあります。

　国指定には特別天然記念物と天然記念物、県指定天然記念物、市町村指定天然記念物があります。

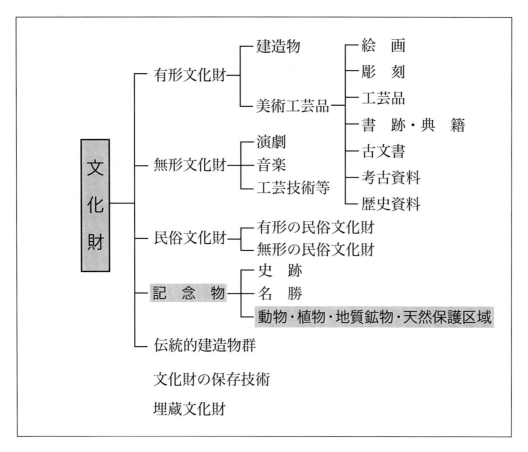

【天然記念物の意義】

天然記念物には次の3つの意義があります。
① 日本列島の成り立ちを知るうえで不可欠な自然
② 日本の風土や文化を育んできた自然
③ 日本人がかかわり、つくりあげてきた自然

【特別天然記念物及び天然記念物の指定基準】

特別天然記念物は、天然記念物のうち世界的に又国家的に価値が高いもの。天然記念物は、動物・植物及び地質鉱物のうち学術上貴重で、我が国の自然を記念するものとある。指定基準を表に示しました。

特別天然記念物		天然記念物のうち世界的に又国家的に価値が高いもの
天然記念物	動物	1 日本特有の動物で著名なもの及びその棲息地
		2 特有の産ではないが、日本著名の動物としてその保存を必要とするもの及びその棲息地
		3 自然環境における特有の動物又は動物群聚
		4 日本に特有な畜養動物
		5 家畜以外の動物で海外よりわが国に移植され現時野生の状態にある著名なもの及びその棲息地
		6 特に貴重な動物の標本
	植物	1 名木、巨樹、老樹、畸形木、栽培植物の原木、並木、社叢
		2 代表的原始林、稀有の森林植物相
		3 代表的高山植物帯、特殊岩石地植物群落
		4 代表的な原野植物群落
		5 海岸及び砂地植物群落の代表的なもの
		6 泥炭形成植物の発生する地域の代表的なもの
		7 洞穴に自生する植物群落
		8 池泉、温泉、湖沼、河、海等の珍奇な水草類、藻類、蘚苔類、微生物等の生ずる地域
		9 着生草木の著しく発生する岩石又は樹木
		10 著しい植物分布の限界地
		11 著しい栽培植物の自生地
		12 珍奇又は絶滅に瀕した植物の自生地
	地質鉱物	1 岩石、鉱物及び化石の産出状態
		2 地層の整合及び不整合
		3 地層の褶曲及び衝上
		4 生物の働きによる地質現象
		5 地震断層など地塊運動に関する現象
		6 洞穴
		7 岩石の組織
		8 温泉並びにその沈澱物
		9 風化及び侵蝕に関する現象
		10 硫気孔及び火山活動によるもの
		11 氷雪霜の営力による現象
		12 特に貴重な岩石、鉱物及び化石の標本

(3)絶滅危惧種

　絶滅のおそれのある野生生物をまとめた目録をレッドリストと呼び、レッドリスト掲載種の現況を報告書の形で公表したものをレッドデータブックといいます。

　レッドリストは 1966 年に IUCN（国際自然保護連合）によって初めて作られました。その後、世界中の多くの国で同様の調査が行われ、国ごとに絶滅の危機にある野生生物のリストが作成されています。

　レッドリストでは、絶滅の危険性の高さをできるだけ数値で評価し、8 段階のランク（カテゴリー）に分類しています。

　2008 年に公表された IUCN の『レッドリスト 2008』によると、対象になった分類群において多くの種が絶滅の危機にあることが再確認されました。絶滅危惧種の割合の低い分類群は、生息状況についての調査が進んでいない分類群です。したがって、必ずしも絶滅の危険性が低いわけでなく、今後調査が進むことによって割合が高くなることが予想されます。

　日本でも、環境庁（現・環境省）が主要な分類群のレッドリストの整備を進め、現在は、環境省のサイトで最新版を見ることができます。国内各地の生態系はその地域ごとの個体群によって維持されているため、地域別の生物の絶滅危険性の把握が必要です。現在、すべての都道府県で県別レッドデータブックが『地域版レッドデータブック』として整備されています。

世界の絶滅危惧種の数

	人間が発見した種の数(a)	生息状況を調べた種の数	絶滅危惧種の数(b)	aのうちbの割合
哺乳類	5,488	5,488	1,141	21%
鳥類	9,990	9,990	1,222	12%
爬虫類	8,734	1,385	423	5%
両生類	6,347	6,260	1,905	30%
魚類	30,700	3,481	1,275	4%
裸子植物	980	910	323	33%
双子葉植物	199,350	9,624	7,122	4%
単子葉植物	59,300	1,155	782	1%

日本の主な絶滅危惧種

分類	種名 *は希少野生動物（種の保存法）にも指定	ランク	原因
哺乳類	イリオモテヤマネコ*	CR	開発
	マミノクロウサギ*	EN	開発
鳥類	トキ*	EW	開発
	コウノトリ*	CR	採取・乱獲
	ヤンバルクイナ*	CR	開発
爬虫類	イヘヤトカゲモドキ	CR	開発
	キクザトサワヘビ*	CR	開発
両生類	アベサンショウウオ*	CR	開発
	アマミイシカワガエル	EN	開発
魚類	ミナミトミヨ	EX	開発
	イタセンパラ*	CR	環境汚染
昆虫類	ベッコウトンボ*	CR+EN	開発
	ヤンバルテナガコガネ*	CR+EN	開発
植物	オナガカンアオイ	CR	採取・乱獲
	ムニンノボタン*	CR	その他
	カンラン	CR	採取・乱獲

第 2 章 希少野生動物とは

IUCN・環境省・鹿児島県のカテゴリー区分対応表（鹿児島県．2016）

IUCN				環境省			鹿児島県
Evaluated	Adequate data	Extinct		絶滅（EX）			絶滅
		Extinct in the Wild		野生絶滅（EW）			野生絶滅
		Threatened	Critically Endangered	絶滅危惧	絶滅危惧Ⅰ類 (CR+EN)	絶滅危惧ⅠA類（CR）	絶滅危惧Ⅰ類
			Endangered			絶滅危惧ⅠB類（EN）	
			Vulnerable		絶滅危惧Ⅱ類（VU）		絶滅危惧Ⅱ類
		Lower Risk	Conservation Dependent	—			—
			Near Threatened	準絶滅危惧（NT）			準絶滅危惧
			Least Concern	—			—
	Data Deficient			情報不足（DD）			情報不足
Not Evaluated				—			
—				絶滅のおそれのある地域個体群（LP）			消滅
							野生消滅
							消滅危惧Ⅰ類
							消滅危惧Ⅱ類
							準消滅危惧
							情報不足
—				—			分布特性上重要

奄美大島・徳之島に生息する天然記念物とレッドデータブック掲載種の状況（鹿児島県．2016）

分類				天然記念物			レッドデータブック									
							環境省						鹿児島県				
綱	目	科	種（亜種）	特天	国天	県天	絶ⅠA	絶ⅠB	絶Ⅱ	準絶	不足	地個	絶Ⅰ	絶Ⅱ	準絶	不足	地個
哺乳類	モグラ	トガリネズミ	オナガネズミ（ワタセジネズミ）						*				*				
			オリイジネズミ					*					*				
	コウモリ	キクガシラコウモリ	コキクガシラコウモリ（オリイコキクガシラコウモリ）						*					*			
		ヒナコウモリ	ヤンバルホオヒゲコウモリ				*						*				
			リュウキュウユビナガコウモリ					*					*				
			リュウキュウテングコウモリ					*					*				
			スミイロオヒキコウモリ								*						*
	ウサギ	ウサギ	アマミノクロウサギ	*				*					*				
	ネズミ	ネズミ	アマミトゲネズミ		*			*					*				
			トクノシマトゲネズミ		*			*					*				
			ケナガネズミ		*			*					*				
	ウシ	イノシシ	イノシシ（リュウキュウイノシシ）									*					*
鳥類	タカ	タカ	ツミ						*					*			
	ミサゴ	ミサゴ	ミサゴ							*				*			
	ツル	クイナ	ヒクイナ							*				*			
	チドリ	ミフウズラ	ミフウズラ							*				*			
		チドリ	シロチドリ						*					*			
		シギ	アマミヤマシギ						*				*				
		セイタカシギ	セイタカシギ						*					*			
		カモメ	ベニアジサシ						*					*			
			コエリグロアジサシ						*					*			
			コアジサシ						*					*			
	ハト	ハト	カラスバト		*				*					*			
	キツツキ	キツツキ	オーストンオオアカゲラ		*				*				*				
			アマミコゲラ													*	
	スズメ	サンショウクイ	サンショウクイ（リュウキュウサンショウクイ）						*							*	
		ヒタキ	アカヒゲ		*				*				*				
		ヒタキ	オオトラツグミ		*				*				*				
		カラス	ルリカケス		*												
爬虫類	カメ	ウミガメ	アオウミガメ					*					*				
			アカウミガメ				*						*				
	有鱗（トカゲ）	トカゲモドキ	オビトカゲモドキ			*		*					*				
		キノボリトカゲ	オキナワキノボリトカゲ						*					*			
		トカゲ	オオシマトカゲ							*				*			
			バーバートカゲ					*					*				
	（トカゲ）	カナヘビ	アオカナヘビ（沖永良部・徳之島）								*						*
		タカチホヘビ	アマミタカチホヘビ						*					*			
		コブラ	ヒャン（奄美）						*					*			
			ハイ（徳之島）						*					*			
		クサリヘビ	トカラハブ(宝島・小宝島)						*					*			
両生類	サンショウウオ	イモリ	イボイモリ			*			*				*				
	カエル	アカガエル	シリケンイモリ						*					*			
			アマミアカガエル						*					*			
			アマミハナサキガエル			*								*			
			アマミイシカワガエル			*		*					*				
			オットンガエル			*		*					*				
魚類	サケ	アユ	リュウキュウアユ					*					*				
甲殻類	十脚目(エビ目)	オカヤドカリ	オカヤドカリ		*												

第三章
奄美大島・徳之島の希少野生動物
― 固有種・天然記念物・絶滅危惧種 ―

天然記念物オカヤドカリ
生息数は多いが、生息地の保全の意義もつよい

絶滅危惧種リュウキュウアユ
絶滅寸前のアユ。かつては食用にされていた

第3章　奄美大島・徳之島の希少野生動物

奄美の自然を代表する特別天然記念物

　一般社会で希少野生動物といえば、固有種・天然記念物・絶滅危惧種に該当する動物を希少野生動物と呼んでいます。

　固有種とは、ある一定区域にのみ分布する種で、特産種ともいいます。例えば、固有種の一種が絶滅すれば、世界中の生物の総数から一種だけ差し引かなければならないことになります。島の生物は海による隔離のため固有性が高いといわれています。これら固有種は天然記念物や絶滅危惧種と重複していることが多く、それだけに固有種は貴重な生物である証拠です。

　天然記念物とは、種類が少なく学問的に価値のある動物・植物・地質鉱物などの自然物であり、「文化財保護法」で指定され、天然の状態で保存・保護されているものの総称です。南西諸島はアマミノクロウサギの国指定特別天然記念物をはじめ、国指定天然記念物が多数生息しています。

　奄美大島・徳之島には、固有種・天然記念物・絶滅危惧種の対象になっている希少野生動物が数多く生息しています。開発行為の際に保全対策が必要になる種を認識するために、本書では保全対象種の中の、哺乳類・鳥類・爬虫類・両生類の全種と魚類・甲殻類の中で重要なリュウキュウアユとオカヤドカリについて紹介します。

1. 哺乳類

(アマミノクロウサギ・ケナガネズミ・アマミトゲネズミ・トクノシマトゲネズミ・オリイコキクガシラコウモリ・オリイジネズミ・ワタセジネズミ・リュウキュウイノシシ)

　奄美大島・徳之島は地史的・生物地理学的な側面からみて、動物の移動・分散と隔離が繰り返されており、固有種や特異性の高い動物が生息しています。

　アマミノクロウサギは、地史的に古い島に限って残存している原始的な種で、ウサギ科の中でもムカシウサギ亜科に属し、世界でも奄美大島と徳之島の山地にだけ生息しています。耳は短く、夜行性で木にも登ることができます。この仲間は中新世に栄えたウサギで、その一部であるアマミノクロウサギ(の先祖)がそのまま、より進んだウサギ亜科との競争のない島で生き残ったもので、【生きている化石】ということができます。

　奄美大島・徳之島に生息する哺乳類で国指定の天然記念物には、アマミノクロウサギ・ケナガネズミ・トクノシマトゲネズミ・アマミトゲネズミなどがいます。また、環境省や鹿児島県で絶滅危惧種として掲載している哺乳類は、天然記念物と重複するものを含めて、アマミノクロウサギ・ケナガネズミ・アマミトゲネズミ・トクノシマトゲネズミ・オリイコキクガシラコウモリ・リュウキュウユビナガコウモリ・リュウキュウテングコウモリ・オリイジネズミ・ワタセジネズミ、地域個体群として徳之島のリュウキュウイノシシなどです。

アマミトゲネズミ

第3章 奄美大島・徳之島の希少野生動物

(1) アマミノクロウサギ

(哺乳綱　ウサギ目　ウサギ科　ムカシウサギ亜科)
Pentalagus furnessi（Stone, 1900）
国指定特別天然記念物・環境省カテゴリー：絶滅危惧ⅠB類・鹿児島県カテゴリー：絶滅危惧Ⅰ類

生きた化石

　奄美大島と徳之島だけに棲む固有種アマミノクロウサギ（学名：ペンタラグス）は、1896年アメリカ人ファーネスによって採集され、世界で最も珍稀な原始的ウサギとして紹介されました。アマミノクロウサギはムカシウサギ亜科に属し、現在では、本種と中南米産のメキシコウサギ（学名：ロメロラグス）そして南アフリカ産のアカウサギ（学名：プロノラグス）の3種が残存していますが、ほかの10属はいずれも絶滅し、化石でしか見ることのない化石種です。

猛毒蛇ハブに守られてきたウサギ

　アマミノクロウサギの生息する奄美大島・徳之島の奥深い原生林は、神秘的で魅力ある森です。一方、猛毒蛇ハブの生息域と重なっています。それらのことから、ヒトの介入が及ばないため詳細な観察が難しく、今でも生態は謎につつまれた部分が多いようです。太古から生き続けるアマミノクロウサギは猛毒蛇・ハブに守られているようにも思えます。

アマミノクロウサギの生態写真　　　　　　　　　　　　　　　　　　　　　　　撮影　森田 秀一

第 3 章　奄美大島・徳之島の希少野生動物

形態（体色は褐色から黒色、耳・四肢は短い）

散乱した糞粒（徳之島剥岳林道）

食痕（穂の出る前のススキの部分が大好物）

隠れ場所の巣穴（大きな石の下は一時避難所）

獣道の壁面についた爪痕

急峻な崖。前日の夜ついた登り痕（奄美中央林道）

湿地の足跡（爪とわずかな圧痕が残る）

後足（足の裏側はフェルト状の毛で覆われている）

(2) ケナガネズミ

(哺乳綱　ネズミ目　ネズミ科　ネズミ亜科)
Diplothrix legatus (Thomas, 1906)
国指定天然記念物・環境省カテゴリー：絶滅危惧ⅠA類・鹿児島県カテゴリー：絶滅危惧Ⅰ類

日本最大級の巨大なネズミ

　ケナガネズミは尾の先が白く、体長60㎝（頭胴30・尾30）のウサギ大の巨大ネズミです。また、名前が示すように、背に長さ6㎝に及ぶ長い毛がまばらに生えていて、体が物に触れる時のセンサーの役目をしているといわれています。さらに、尾の先半分には白い毛が生えています。おそらくこの白い毛はケナガネズミにとって仲間同士の標識か何かの意味があるのでしょう。

樹上生活をするネズミ

　夜行性で夜間は主に樹上で活動し、昼間は樹洞内に枯れ葉や枯れ枝で直径30㎝ほどの球形の巣をつくり潜んでいるといわれています。本土のリスと同じニッチ（生態的地位）を占めています。しかし、地上の移動も多く、観察では尾を45度に立てた状態で走り抜けます。

ケナガネズミの生態写真　　　　　　　　　　　　　　　　　　　　撮影　千木良 芳範

第3章　奄美大島・徳之島の希少野生動物

生息地は険しい谷の原生林(奄美市住用神屋林道)

食う(ハブ)、食われる(ケナガネズミ)の関係

後足

前足

地上での餌探し

リュウキュウマツの毬果
(まつぼっくり)

樹の下に落ちた毬果の食痕

口髭はセンサーの役目

(3) アマミトゲネズミ

(哺乳綱　ネズミ目　ネズミ科　ネズミ亜科)
Tokudaia osimensis Abe, 1933
国指定天然記念物・環境省カテゴリー：絶滅危惧ⅠB類・鹿児島県カテゴリー：絶滅危惧Ⅰ類

トゲ（針状毛）をもったネズミ

　世界の動物で最も恐ろしいトゲをもっているのはヤマアラシでしょう。奄美大島と徳之島にも針状のトゲを持ったネズミのトゲネズミがいます。トゲ（針状毛）は人間の感触（触覚）で痛さを感じるほどのものではありませんが、天敵のヘビなどには効果があるのでしょう。

アマミトゲネズミから学んだ動物の行動観察

　私の趣味は野山を歩くことと写真撮影です。ここで、野生動物観察法の一つを紹介します。野生動物と森で遭遇したら、動物と同じ行動をとることです。それは、動物よりも先にその場から後ずさり、時間をかけて様子を見ることです。そうすると動物のほうが安心して自然な動きで活動をはじめます。動物との時間を共有してください。

　1984年9月初旬、奄美大島住用村神屋林道での昼間の体験です。奥深い林道を歩いていて偶然にもアマミトゲネズミと遭遇しました。発見した場所から後ずさり様子を見ました。ネズミは数秒間じっと動かず固まっていましたが、その後、行動をはじめました。短い歩幅でも、カンガルーのように、後足でピョンピョン跳ねて移動しました。また、写真機のフラッシュに対し、尾を垂直にピンと立て、ぶるぶるふるわせる行動（威嚇行動と思われる）を見せてくれました。

　野生動物の観察ポイントでは、①車は使わず、徒歩が良い、②動物に気付かれる前に確認すること、③確認後は決して動物に近づかない、ことです。また、夜行性といわれる動物やハブでも昼間の活動も見られます。動物観察に先入観は禁物です。

奄美自然観察の森（奄美大島・龍郷町）

主な生息地は極相林と林道沿いの二次林
（奄美大島・瀬戸内町油井岳林道）

第 3 章　奄美大島・徳之島の希少野生動物

アマミトゲネズミの生態写真

後足

前足

形態（体型・大きさはクマネズミ大、普通の毛に針状毛が混じる）

(4) トクノシマトゲネズミ

(哺乳綱　ネズミ目　ネズミ科　ネズミ亜科)
Tokudaia tokunoshimensis Endo & Tsuchiya, 2006
国指定天然記念物・環境省カテゴリー：絶滅危惧ⅠB類・鹿児島県カテゴリー：絶滅危惧Ⅰ類

徳之島産トゲネズミは独立種

　1993年環境省編の『日本産野生生物目録』の脊椎動物編では、種名：アマミトゲネズミは奄美大島産と、徳之島産が亜種アマミトゲネズミ、沖縄産が亜種オキナワトゲネズミとして認知されています。また、文化財保護法では両種とも国の天然記念物に指定されています。しかし、この時点では、トクノシマトゲネズミの名称としての記述はありません。
　徳之島におけるトゲネズミの分布については、分類学の専門家による詳細な研究により、徳之島産トゲネズミが独立種として2006年記載されました。
　トゲネズミ属の染色体数は、オキナワトゲネズミは 2n=44、アマミトゲネズミは 2n=25、トクノシマトゲネズミは 2n=45 です(土屋：1981)。

徳之島分布の確認

　地元の人や一部の研究者の間で、徳之島にもアマミトゲネズミが生息しているらしいという話がちらほらと出ていた頃です。1983年の鹿児島短期大学の南西諸島学術調査の徳之島学術調査に私も動物部門で参加しています。この調査時に徳之島母間の林道でトゲネズミの轢死体を拾得し、調査報告書(鮫島正道：1985)に掲載しました。この時点で鹿児島県の文化財課でも、両島のトゲネズミをアマミトゲネズミとして公的に認知し天然記念物として扱うようになりました。

【トゲネズミ類の発見と研究史】

・トゲネズミは1924年 鹿児島大学教授日野光次(1924)により発見された珍種です。

・阿部余四雄(1933)奄美大島産標本4個体をもとに学名 *Rattus jerdoni osimensis* として記載された。

・Tokuda(1941)頭骨や歯の特徴がアカネズミに似るとして、新属 *Acanthomys* が提唱された。

・黒田(1943)は *Acanthomys* は既に用いられていることを指摘して *Tokudaia* を提唱。現在でもこの属名が使われている。

・Johnson(1946)は沖縄産のトゲネズミが奄美大島産のトゲネズミよりも大型であることを確認し、沖縄産のトゲネズミを *T.osimensis muenninki* として報告した。

・徳之島にトゲネズミが生息することが確認されたのは1977年のことである。

・土屋ほか(1989)染色体や分子遺伝学的手法により、それぞれ3島間の分岐は古く、別種であると論議されてきた。

・Musser and Carleton(1993)において、奄美大島産と徳之島産は *Tokudaia osimensis*、沖縄産は *Tokudaia muenninki* と、それぞれ独立種として扱われるようになる。

・Endo and Tsuchiya(2006)において徳之島産トゲネズミは *Tokudaia tokunoshimensis* として独立種として扱われるようになる。

城ケ原(2016)参考一部改変

第 3 章　奄美大島・徳之島の希少野生動物

トクノシマトゲネズミの生態写真

撮影　山田 文彦

尾を垂直にピンと立て、ブルブルふるわせる行動は威嚇行動と思われる

普通の毛とトゲ（針状毛）が混生する

(5) オリイコキクガシラコウモリ

（哺乳綱　コウモリ目　キクガシラコウモリ科）
Rhinolophus cornutus orii Kuroda, 1924
環境省カテゴリー：絶滅危惧ⅠB類・鹿児島県カテゴリー：絶滅危惧Ⅱ類

奄美諸島産のオリイコキクガシラコウモリ

　コキクガシラコウモリは北海道から奄美大島まで広く生息しています。北に生息する個体群の体型は大型で、南にいくにしたがって小さくなるという地理的変異（クライン）が認められます。地理的変異とは、変異のうち、一定の方向を持った連続的な変化がみられる場合をいいます。他の例として、哺乳類のシカやクマ、鳥類のヤマドリなどにもみられる変異です。
　奄美大島産はオリイコキクガシラコウモリとして亜種あつかいにする考えもあります。

コウモリのグァノ（糞尿）の山

　海鳥の群れが生息する岩礁に堆積した糞尿はグァノとよばれ、リン酸塩と窒素を多く含み肥料とし利用されています。コウモリの大群がすむ洞窟にも大量のグァノが堆積し、昔は肥料として利用されていました。

コウモリ調査スタッフ（奄美市大熊の鉱山跡のトンネル）　鉱洞内から外を望む

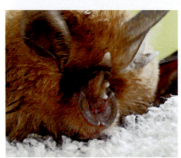  

鼻葉　　　　　　　　　　　体型　　　　　　　　　　　交尾姿勢

第3章　奄美大島・徳之島の希少野生動物

洞内の群

グァノを餌にするカマドウマの仲間

洞窟内部

グァノの山（コウモリの糞の堆積物）

(6) オリイジネズミ

(哺乳綱　モグラ目　トガリネズミ科)
Crocidura orii Kuroda, 1924
環境省カテゴリー：絶滅危惧ⅠB類・鹿児島県カテゴリー：絶滅危惧Ⅰ類

情報量が少なく生態のわからない種

　奄美諸島固有種で、奄美大島・徳之島からごく少数が採集されているのみです。日本のジネズミ類の中では大型であり、奄美大島で1922年に採集され新種とされました。2番目の標本は1960年にヒメハブの胃内からでたものです。ワタセジネズミと比べ生息数は極端に少なく、標本が少ない種です。オリイジネズミの生態は情報量が少ないため全く分かっていません。一方、南西諸島には、古く船舶により移入されたもので、真の野生種でないジャコウネズミの成獣・幼獣も見かけます。目視や写真の情報ではジャコウネズミとの比較が必要であり、正確性を欠いてしまうため、捕獲された個体の詳細な検索を基にしたデータの蓄積が必要です。

東京大学医科学研究所の標本

(7) ワタセジネズミ

(哺乳綱　モグラ目　トガリネズミ科)
Crocidura watasei Kuroda, 1924
環境省カテゴリー：準絶滅危惧・鹿児島県カテゴリー：準絶滅危惧

日本最小の哺乳類

　ジネズミ類はモグラに近い小型の動物で、世界中の哺乳類の中で体型が最も小さなグループの一つです。ワタセジネズミはオナガジネズミの亜種とされ、奄美諸島の全島に広く生息しています。寿命は大変短く、一年半といわれています。体は小さく地味な動物ですが絶滅の危機が増大している種として掲載されています。

国内最小の哺乳類

小さいが咬みついて抵抗する

小鳥類の巣に似た子育て用の巣

第3章　奄美大島・徳之島の希少野生動物

ワタセジネズミの生態写真

道路を横断するワタセジネズミ

生息場所はヤブを好む（雨露をしのげる低木林内）

体型（正面）

体型（側面）

体型（背面）

(8) リュウキュウイノシシ

(哺乳綱　ウシ目　イノシシ科)
Sus scrofa riukiuanus Kuroda, 1924
環境省カテゴリー：絶滅の恐れのある地域個体群・鹿児島県カテゴリー：情報不足（地域個体群）

イノシシの先祖型としての世界的珍獣

　リュウキュウイノシシはアジアイノシシ系のイノシシのうち最も原始的な種といわれ、欧米のイノシシ学者にとっては研究対象として垂涎の動物と聞きます。本土のイノシシと比べ、体型は小型です。

すでに遺伝子汚染され体型に変化

　徳之島のリュウキュウイノシシは環境省カテゴリーでは絶滅のおそれのある地域個体群となっています。徳之島においてイノシシの生息地と世界遺産条約の対象エリア（コアエリア）を概観すると、天城岳を核とする北部エリアと井之川岳・剝岳・犬田布岳を含む山塊を核とする南部エリアに分かれます。北部エリアのリュウキュウイノシシはすでに遺伝子汚染により家畜のブタに近い体型になっており、対策を急がなければなりません。

生息地：スダジイ・オキナワウラジロガシの井之川岳

獣道に現れた若い2個体

糞塊（フィールドサインの一つ）

ヌタ場で泥浴びした痕
（ダニなどの寄生虫をとる目的の行動）

獣道に残された足跡（フィールドサイン）

第3章　奄美大島・徳之島の希少野生動物

夜間の自動撮影装置での写真（徳之島町尾母国有林）　　　　　　　　　　　　　　　　　撮影　宅間 友則

牙による立木のキズ
（縄張り誇示のためのフィールドサイン）

獣道

採食中の個体
（ミミズやドングリなどの雑食性）

2. 鳥類

（ルリカケス・オーストンオオアカゲラ・アカヒゲ・オオトラツグミ・カラスバト・ミサゴ・ツミ・アマミヤマシギ・セイタカシギ・シロチドリ・コアジサシ・ベニアジサシ・ヒクイナ・ミフウズラ）

　鳥類では、ルリカケスが地史的に古い島に限って残存している、原始的な固有種としてあげられます。南西諸島産の中で各島嶼における真留鳥が、長期間の隔離によって固有種や固有亜種になったといえます。事例としてリュウキュウメジロ・アマミヤマガラ・アマミシジュウカラ・アマミコゲラ・アマミヒヨドリ・リュウキュウキジバト等、といずれも「アマミ」か「リュウキュウ」が頭に付きます。

　奄美大島に生息する鳥類で国指定の天然記念物には、カラスバト・アカヒゲ・オーストンオオアカゲラ・オオトラツグミ・ルリカケスがあり、一方、徳之島にはカラスバトとアカヒゲがいます。

　環境省や鹿児島県で絶滅危惧種の鳥類は、天然記念物と重複するカラスバト・アカヒゲ・オーストンオオアカゲラ・オオトラツグミ・ルリカケスなどと、これら以外のツミ・ミサゴ・ヒクイナ・ミフウズラ・シロチドリ・アマミヤマシギ・セイタカシギ・コアジサシ・ベニアジサシが選定されています。

　奄美大島・徳之島の希少鳥類としては、鳥類季節からみた真留鳥の固有種と渡り鳥（夏鳥）の中で当地での繁殖が確認されている種類に限りました。

カラスバト

アカヒゲ

オオトラツグミ

第 3 章　奄美大島・徳之島の希少野生動物

ルリカケス

オーストンオオアカゲラ

アマミヤマシギ

鳥類季節とは
　鳥類は翼をもち、島嶼間を飛翔する移動可能な分類群です。鳥の生活は年周期を通してみると、繁殖期と非繁殖期からなり、その間に渡りを行う移動性のものと、周年定着のあるものとがあります。また、鳥類は移動の観点から、渡り鳥（夏鳥・冬鳥・旅鳥）と留鳥（漂鳥・真留鳥・半留鳥）に区分されていますが、これらの区分は地方によっては異なることがあります。例えば同一種であっても、地方により留鳥であったり、通過鳥に過ぎなかったりする場合があるのです。南西諸島の各島嶼における真留鳥が、長期間の隔離によって固有種や固有亜種になったといえます。

注1. 渡り鳥（夏鳥）の中の繁殖鳥は、筆者らが確認したもの、もしくは正規な論文に記載された種に限っています。見る角度（視点）を変えれば種類が増加することが考えられます。

(1) ルリカケス

(鳥綱　スズメ目　カラス科)
Garrulus lidthi Bonaparte, 1850
国指定天然記念物・環境省カテゴリー：なし・鹿児島県カテゴリー：絶滅危惧Ⅱ類

瑠璃色の美しい鳥・天は二物を与えず

　ルリカケスは全長38cm前後、ハトより小型で日本本土のカケスより大きく、雌雄同色です。
　瑠璃色と赤栗色の美しい色彩は、初めて見る人にとっては感動的で、印象に残る鳥です。しかし、鳴き声はジェージェーというシャガレ声で、御世辞にも良い鳴き声とは言えません。

戦争に救われたルリカケス

　欧米の貴婦人の間で、鳥の羽毛を帽子飾りに使うことが流行し、ルリカケスは乱獲による絶滅寸前の悲運な時期がありました。ルリカケスの美しい羽毛は珍重され、人気があり大量に輸出されました。その後、第一次世界大戦の勃発により羽毛の輸出入が止まり、皮肉にも戦争がルリカケスを救った結果となりました。

ルリカケスは原生林ではごく普通に見られる
(龍郷町奄美自然観察の森の展望所より)

警戒心の強い鳥であるが、原生林での観察はやや容易
(奄美市金作原)

家族群

若鳥

轢死体

第 3 章　奄美大島・徳之島の希少野生動物

ルリカケスの生態写真　　　　　　　　　　　　　　　　　　　　　　　　撮影　里村 茂

飛翔はあまり上手くなく、近距離を
せわしく移動する

地上に降りていることも多い

スダジイの未完熟堅果を食べた痕跡
（フィールドサイン）

(2) オーストンオオアカゲラ

（鳥綱　キツツキ目　キツツキ科）
Dendrocopos leucotos owstoni（Ogawa, 1905）
国指定天然記念物・環境省カテゴリー：絶滅危惧Ⅱ類・鹿児島県カテゴリー：絶滅危惧Ⅰ類

奄美の森の名ドラマー

　オーストンオオアカゲラは全長28cm前後、体色は赤と白と黒のまだらで、オオアカゲラより著しく黒みが強いのが特色の、奄美大島にだけ生息する大型のキツツキです。
　大声で鳴き、力強いドラミングが森に響くため、容易に生息の有無がわかる鳥です。ドラミングは仲間への威嚇・誇示であり、縄張り主張の意味があるそうです。

奄美の森の名樹木医

　オーストンオオアカゲラは、立ち枯れの木でも生樹でも大きな穴を開けます。これは樹の中を荒らす虫（穿孔虫）を食べるためです。穴を開けられた立ち枯れは、腐植を促進するのに役立ち、生木は害虫が除去され活性化します。生樹の開けられた穴は数年で塞がり再生します。まさに森のお医者さんのイメージです。

せわしく移動し活発に動くため撮影は偶然性が強い
（奄美市金作原）

巣穴の内部構造標本（半割り）
（鹿児島県立博物館へ寄贈）

シイタケ栽培の防鳥網にかかり
ミイラ化した個体

毎日のように同じ木を訪れシマグワ
の樹液を舐める

朽木から小さな虫をゲット

第 3 章　奄美大島・徳之島の希少野生動物

オーストンオオアカゲラの生態写真　　　　　　　　　　　　　　　　　　　　撮影　田中 伸一

スダジイ林のオーストンオオアカゲラ

警戒心の強い鳥だが、スダジイ原生林での観察はやや容易

鳥の仕業（穴5ヶ所）。
奄美自然観察の森の小屋

(3) アカヒゲ

(鳥綱　スズメ目　ヒタキ科)
Erithacus komadori (Temminck. 1835)
国指定天然記念物・環境省カテゴリー：絶滅危惧Ⅱ類・鹿児島県カテゴリー：絶滅危惧Ⅱ類

アマミの森に響く澄んだ美声

　ウグイス・オオルリ・コマドリの3種は、昔から鳴き声を楽しむため「日本三大鳴禽(めいきん)」として珍重され飼育された時代があります。コマドリと同属のアカヒゲは、奄美大島と徳之島の森で感動的な美しい鳴き声を聞かせてくれます。

「鳥寄せ」の術

　全長14cm前後のアカヒゲは普通、茂った常緑広葉樹林内に棲んでいることから、なかなか姿を見つけられない鳥です。しかし、大変面白い習性があり、やり方によっては、手の届きそうな場所まで招き寄せることができます。
＜体験談「鳥寄せ」方法の二つ＞
　①尾根にはさまれた谷の開けた場所で、かき集めた落ち葉を前にインディアン踊りのようにハッホ、ハッホとたたらを踏む。これこそ「アカヒゲ刺し踊り」の所作の再現です。
　②筆者の体験済みの方法です。鳴き声のする谷に山鍬をもって入り、落ち葉を鍬で除き、周囲の土を掘り起こしました。待つことわずか3分、『来ました、来ました』。好奇心丸出しで、あまりにもうまくいったので、一瞬キツネにつままれたような気分になりました。
　アカヒゲは習性として、①大変好奇心が強くあまり人を恐れない、②強い縄張り（テリトリー）意識を持つため侵入者に近づいてくる、③食習性で、落ち葉などにつく虫やミミズを探しに来る、があるようです。その結果、劇的な遭遇につながったようです。

民俗芸能「アカヒゲ刺し踊り」

　薩摩藩時代、島に棲む美しい鳴き声のアカヒゲを捕獲する職業（とり刺し）の姿をユーモラスな所作で表現した踊りに「アカヒゲ刺し踊り」があります。日本の伝統芸能の「猿楽」に近いものです。「きょうはよか天気、よか天気、アカヒゲおりそな、よか天気・・・・」と歌いながら踊りがはじまります。

好みの環境は極相林内の林床近くの低木域

繁殖地の天城町浅間湾屋洞窟（ウンブギ）

第3章　奄美大島・徳之島の希少野生動物

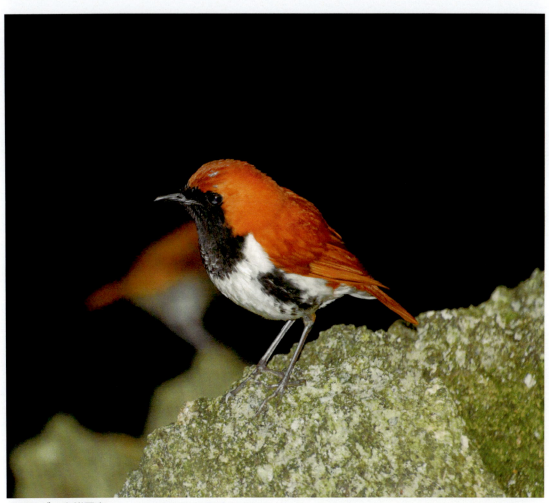

アカヒゲの生態写真

アカヒゲのつがい

巣立ち間もない雛鳥
（嘴の口角が黄色い）

縄張り意識が強い鳥のため口笛で
鳥寄せできる（徳之島町畦）

(4) オオトラツグミ

(鳥綱　スズメ目　ヒタキ科)
Zoothera dauma major (Ogawa, 1905)
国指定天然記念物・環境省カテゴリー：絶滅危惧Ⅱ類・鹿児島県カテゴリー：絶滅危惧Ⅰ類

珍鳥・虎柄のツグミ

　日本には虎模様をした羽毛の鳥として、トラツグミ(全長約29cm)とオオトラツグミ(全長約30cm)がいます。トラツグミは国内ではごく一般的なツグミですが、オオトラツグミは一回り大きく、渡りをしない奄美大島だけに棲む固有種で国の天然記念物に指定されています。常緑広葉樹の原生林などの極相林でみられ、夜明け前の薄暗い時刻に澄んだ声でさえずります。生息環境は、林床の落ち葉の溜まりやすい谷間などでみられます。そこは餌となる林床の地上性昆虫やミミズが大繁殖する場所なのです。これらの環境志向は、ヒタキ科ツグミ亜科の鳥類の共通の食性からきています。

オオトラツグミはエンデミック・バード

　奄美大島は世界でも重要なエンデミック・バードエリア(EBA・地域固有の鳥の生息する場所)として指定されています。このことからオオトラツグミは、ルリカケス、オーストンオオアカゲラとともにエンデミック・バード(地域固有の鳥)となります。

オオトラツグミの巣(奄美大島・宇検村)

オオトラツグミの卵(奄美大島・宇検村)

夜明け前の金作原でオオトラツグミの声が聞ける

第 3 章　奄美大島・徳之島の希少野生動物

オオトラツグミの生態写真 (奄美市金作原)

林床で餌さがしをしていた若い個体
(奄美自然観察の森)

餌をついばむ個体 (奄美市金作原)

警戒してこちらをうかがう個体
(奄美市金作原)

(5) カラスバト

(鳥綱　ハト目　ハト科)
Columba janthina janthina Temminck, 1830
国指定天然記念物・環境省カテゴリー：準絶滅危惧・鹿児島県カテゴリー：準絶滅危惧

繁殖力の弱い絶滅にむかうカラスバト

　全身、黒い羽色をした大型のハトで、カラスに似ていることからカラスバトの名が付きました。生息地は伊豆諸島・南西諸島・九州沿岸の島々などで、ほとんどが島嶼です。

　国外では中国にわずかに生息するだけの日本の準特産種といえます。産卵数が1個という産卵習性のため、繁殖力が弱いという特性があります。しかし、現時点では奄美諸島では割と数多く見られます。

ウシバト（牛鳩）ともいわれる

　牛のような鳴き声のため牛鳩とも呼ばれます。主として繁殖期に「ウッ、ウゥー、ウッウゥー」という太い声で鳴きます。その他「ガガガッ」または「ゲゲゲッ」という声を出しながらグライダーのような飛び方で存在を誇示する飛翔のディスプレーフライトをみせます。

極相林上空を飛び交う（油井岳展望所から伊須湾を望む）　産卵数が1個という産卵習性（奄美市住用）

トカラ列島・中之島のヒロハネムノキ林内のつがい

与論島の活断層の林内に潜む個体

沖永良部島のリュウキュウマツ林内の個体

第 3 章　奄美大島・徳之島の希少野生動物

カラスバトの生態写真　　　　　　　　　　　　　　　　　　　　　　　　　撮影　後藤 義仁

集落内の路上での活動もある

飛翔は力強く水平に飛ぶ

喜界島のモクマオウに止まるつがい

(6) ミサゴ

(鳥綱　タカ目　ミサゴ科)
Pandion haliaetus（Linnaeus. 1758）
環境省カテゴリー：準絶滅危惧・鹿児島県カテゴリー：準絶滅危惧

ミサゴの英語名は「オスプレイ」

　ミサゴはトビとほぼ同大で、海岸、河口、大きな湖付近に生息し、魚を食べます。水面上を停空飛翔し、水中に足から飛び込んで魚類をとる行動をよく見かけます。その停空飛翔の能力や行動から、米軍航空機「オスプレイ」は命名されたのでしょうか。

江戸時代のグルメ本に登場

　食べてみたいようで食べたくない話。ミサゴに関する話題で「ミサゴノスシ」の図があります。それは、江戸時代の博物百科として高木春山の『『本草図説』水産之部』に書かれています。「ミサゴという鳥は、海岸の岸壁につくった巣の中に、えさの魚を貯えるという。この魚は酸味があってうまく、鳥の留守中に下のほうから盗めば気づかれずにすむという」と。さしずめ現代的な表現をすれば、立派な発酵食品のようです。

停空飛翔し獲物にねらいを定めるミサゴ　　　カラス（下）にモビング（擬攻）されるミサゴ

第 3 章　奄美大島・徳之島の希少野生動物

ミサゴの生態写真

羽を休めるミサゴ

水中に足から飛び込み魚を捕獲した個体

(7) ツミ（亜種：リュウキュウツミを含む）

（鳥綱　タカ目　タカ科）
Accipiter gularis（Temminck ＆ Schlegel, 1844）
環境省カテゴリー：絶滅危惧ⅠB類・鹿児島県カテゴリー：情報不足（地域個体群）

ツミの罪な話し

　ツミはオスとメスとでは羽色の模様や虹彩の色が極端に違うため、過去には「エッサイ」（実際にはオス）と「ツミ」（実際にはメス）と、別種として扱われていました。このような例はオウム類の中にもあり、オオハナインコ（オス）とオオムラサキインコ（メス）が有名です。

　羽色では、オスは胸から脇にかけてオレンジ色をしていますが、メスは黒味を帯びた褐色の横斑がみられます。虹彩は、オスは赤く、メスは黄色です。また、体型もオスは全長27㎝、メスは全長30㎝です。オスは小型で、ヒヨドリ大に見える個体もいます。

　餌はツグミ大以下のスズメ目の小鳥が主ですが、観察例では自身の体よりはるかに大きいアオバトを狩っていた事例があります。

　ツミとリュウキュウツミの識別は現在はっきりしません。ツミは本土でもみかける種ですが、南西諸島（石垣島・西表島・与那国島）に分布する種は亜種のリュウキュウツミとされています。奄美諸島でみられるツミは複数のDNA鑑定がなければ結論が出せません。しかし筆者の観察では羽色からリュウキュウツミと思われます。

電線にとまる個体

飛翔

オスの胸側と体下面は、白地に淡いオレンジ色の横斑、虹彩は赤

メスの胸側と体下面は、淡い灰褐色の横斑があり虹彩は黄

巣立ちした幼鳥

第 3 章　奄美大島・徳之島の希少野生動物

ツミの育雛（リュウキュウマツ）

ツミの育雛（モクマオウ）

採食中の個体

採食中の個体

(8) アマミヤマシギ

(鳥綱　チドリ目　シギ科)
Scolopax mira　Hartert, 1916
環境省カテゴリー：絶滅危惧Ⅱ類・鹿児島県カテゴリー：絶滅危惧Ⅰ類

命がけで雛をまもる・仮病の術

　アマミヤマシギはヤマシギ属のなかでも大型で、奄美諸島・沖縄諸島のみに生息する重要種です。
　私の体験です。奄美の森で雛三羽を連れたアマミヤマシギの親子に遭遇しました。敵（私たち）の注意を親の自分の方に引きつけようと、怪我をしたかのように、私たちの頭上をぎこちなく飛び、気を引かせるような行動（戦略）をしかけてきました。写真二枚だけ撮らせてもらい早々に退散しました。

夜行性であっても闇夜では動けない

　夜間、人が近付けば、月夜だとヒラリと身をかわし飛び去っていきます。しかし、行動するには多少の光が必要なのでしょう、闇夜では飛び立つ気配を見せません。仮に飛んだとしても周囲の木々にぶつかることが多いようです。月夜に行動が活発になり林道や普通道に現れることがあり、交通事故死（轢死）が多いともいわれます。

金作原とスーパー林道の追分地域は密度の濃い生息地

奄美大島の背骨にあたるスーパー林道（奄美中央林道）は主な生息地

轢死体

アマミヤマシギのフィールドサイン（休息場所）

雨の中で活動する個体

第 3 章　奄美大島・徳之島の希少野生動物

アマミヤマシギの生態写真

林道で遭遇した雛鳥、足の太さに注目（龍郷町市理原）

林道で遭遇した雛鳥2羽（龍郷町市理原）

(9) セイタカシギ

(鳥綱　チドリ目　セイタカシギ科)
Himantopus himantopus himantopus （Linnaeus. 1758）
環境省カテゴリー：絶滅危惧Ⅱ類・鹿児島県カテゴリー：絶滅危惧Ⅱ類

水辺の女王・セイタカシギ

　ピンク色の細くて長い脚をした、スマートなシギです。日本には稀な旅鳥または冬鳥であり、奄美大島・徳之島の湿地にも飛来します。2009 年奄美群島内の沖永良部島で九州における繁殖が初めて観察され、中村麻理子氏によって繁殖習性の詳細な観察・記録が論文化、報告されました（中村：2010）。

ほほえましい家族愛

　鳥類の繁殖には様々な家族制（一夫一妻型・一夫多妻型・多夫一妻型・集団配偶型）があります。セイタカシギはオス・メスの一つがいで巣作り抱卵から、雛の巣立ちまで行います。配偶型は一夫一妻型であり夫婦の絆は強く、オスとメスが協同して雛を守り育てる姿はほほえましい光景です。

雛の発育過程の記録（中村：2010）

第 3 章　奄美大島・徳之島の希少野生動物

巣立ち3日目の雛3羽と親鳥（メス）　　　　　　　　　　　　　　　　　　　撮影　中村 麻理子

抱卵中のメスと周辺で警戒中のオス

外敵を警戒して親鳥に隠れる雛
（防御行動）

無事に成長した雛と親鳥
（左：オス、中央：幼鳥3羽、右：メス）

(10) シロチドリ

(鳥綱　チドリ目　チドリ科)
Charadrius alexandrines　Linnaeus, 1758
環境省カテゴリー：絶滅危惧Ⅱ類・鹿児島県カテゴリー：絶滅危惧Ⅱ類

生息環境と繁殖生態

シロチドリは、海岸の砂浜・河口・干潟・河川などに営巣し、渡りの時期は山地の水田にも飛来します。冬期は群れで行動し、潮の干満に影響されて生活します。せわしく歩き回り、甲殻類、ゴカイ類、貝類などを採食します。産卵期は3月下旬から6月頃まで、約3個の卵を産みます。産卵場所は砂浜のなかでも砂丘があり、周辺に緑地が見られる場所を好む傾向があります。

擬傷(偽傷)行動で外敵を欺く

擬傷(偽傷)行動は、地上に単独で営巣する鳥に見られる、傷ついたようなしぐさで捕食者の気を引く行動です。敵をひきつけ自分が守りたいものから敵を遠ざける、はぐらかしディスプレーの一種で、シギ・チドリ類に主に見られる行動です。

卵がみられた砂丘

緑地が見られる場所を好む(砂丘)

卵座と卵

親子(防御の姿勢をとる雛と親)

擬傷行動

第 3 章　奄美大島・徳之島の希少野生動物

シロチドリの群れ

冬羽から夏羽へ移行中（4月）

飛翔する群れ

抱卵中

(11) コアジサシ

(鳥綱　チドリ目　カモメ科)
Sterna albifrons sinensis Gmelin, 1789
環境省カテゴリー：絶滅危惧Ⅱ類・鹿児島県カテゴリー：絶滅危惧Ⅰ類

南西諸島に多いアジサシ

　南西諸島に多いアジサシであり、夏鳥。海岸、内湾、港、河口、河川、湖沼、池などでみかける海鳥です。浅いくぼみに直接卵を産んで抱卵します。食性は、主に魚類を食べます。羽ばたきはゆっくりですが速いスピードで飛び、停空飛行からダイビングをして採食します。
　徳之島の砂浜（喜念浜）でコアジサシの繁殖行動に遭遇しました。サンゴ礁の砂浜の散策中に「猛烈な攻撃行動」に襲われました。恐怖を感じるとともに、繁殖習性の凄さに感銘しました。

コアジサシの特徴

　雌雄同色。アジサシより一回り小さい。成鳥夏羽は頭と過眼線は黒く、上面は灰色。額と体下面は白い。尾羽も白くて燕尾。嘴は黄色で、先端は黒い。足は橙色。鳴き声は、普段は飛びながら「キュイ」と一声ずつ区切る。威嚇の声は「ギュウ」と鳴きます。

干潮時の喜念浜（伊仙町喜念）

喜念浜の砂丘にあるツキイゲ群生地（砂の移動防止になっている）

第3章　奄美大島・徳之島の希少野生動物

ほっそりしたスマートな飛翔の姿

停空飛行（ホバーリング）しながら目的地を吟味している

コアジサシの卵座と卵二つ（卵は環境に溶け込む保護色をしている）

炎天下での抱卵（温めているのではなく日よけ役をしている）

(12) ベニアジサシ

(鳥綱　チドリ目　カモメ科)
Sterna dougallii bangsi Mathews, 1912
環境省カテゴリー：絶滅危惧Ⅱ類・鹿児島県カテゴリー：絶滅危惧Ⅱ類

　ベニアジサシは夏鳥で、九州以北では台風などで迷行した個体の観察があるだけ。南西諸島の奄美大島・徳之島の沿岸のやや沖合の島々、海上、海岸、内湾、港などでみかける海鳥です。
　6月から9月にサンゴ礁や内湾の属島や小さな島に大きなコロニーをつくって、岩場や砂地のくぼみに直接卵を産んで営巣し、繁殖することがわかっています。
　嘴は渡来直後ではまだ黒く、繁殖期が近付くに従い赤くなります。足と嘴が赤いためベニアジサシの名があります。

生息域の徳之島の畦プリンスビーチ(遠景に奄美大島を望む)

第3章　奄美大島・徳之島の希少野生動物

エリグロアジサシ（左）にディスプレーするベニアジサシ（右端）

土盛砂丘は理想的な生息環境

奄美大島・笠利崎の岩礁でみかける

奄美大島・笠利町節田の防波堤で休息する混群

(13) ヒクイナ (亜種：リュウキュウヒクイナを含む)

（鳥綱　ツル目　クイナ科）
Porzana fiscal erythrothonax （Temminck & Schlegel, 1849)
環境省カテゴリー：準絶滅危惧・鹿児島県カテゴリー：絶滅危惧Ⅱ類

絶滅危惧種となったクイナ

　夏鳥として全国に渡来し、ごく普通に見られていた初夏の代表種ヒクイナですが、最近急激に少なくなってきました。繁殖地や生息地である湿地環境の激減により、個体数の減少が心配されています。

　頭から胸にかけて赤褐色で足は赤色。これが名前の由来です。キョッ、キョッ、キョッキョッキョッキョキョキョ・・・・という鳴き声が特徴です。この鳴き声は、テレビドラマの夜の効果音として頻繁に使われるようです。餌は雑食性で、魚類・昆虫類・甲殻類、イネ科植物の種子です。

巣は多様で、雛は真っ黒

　私の体験から、巣は背の低いソテツの葉の上の中心部、イネ株の中、湿地の草薮の中などといろいろです。共通していたのは、地面より20㎝程度の高さの位置で、巣材は付近の草でした。繁殖期は5月下旬～8月下旬ごろ、約5～9個の卵を産みます。雛は全身真っ黒で可愛いいです。

湿地環境を最大限に活用した田芋畑は頼もしい（龍郷町秋名）

龍郷町秋名のマコモ畑は良好な繁殖環境

第3章　奄美大島・徳之島の希少野生動物

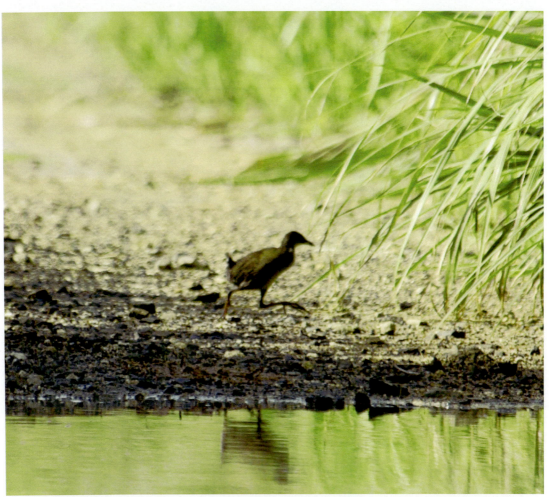

ヒクイナの生態写真

湿地環境の保全のために田んぼ環境は貴重だ（龍郷町秋名）

落下して放置された卵

黒い羽毛の雛

(14) ミフウズラ

(鳥綱　チドリ目　ミフウズラ科)
Turnix suscitator okinavensis Phillip, 1947
環境省カテゴリー：なし・鹿児島県カテゴリー：絶滅危惧Ⅱ類

ウズラとは赤の他人

　ミフウズラは実に変わった鳥です。外観がウズラに似て、地上を徘徊する地上性の鳥のためミフウズラ（3つの指をもつウズラ）という名前が付いていますが、キジ目のウズラとは全く違います。分類学的にはチドリ目に属しています。骨格の作りはクイナの仲間に似、水の飲み方はハト類に似ています。

一妻多夫、子育てはお父さん

　ミフウズラには風変わりな繁殖習性があります。抱卵・育雛はオスの役目です。そのためかオスは地味な羽色をしています。これは、外敵に目立ちにくい隠蔽色となり、理にかなっています。一方メスは、派手な羽色をもち大型で好戦的です。メスは複数のオスと交尾して卵を産み、抱卵・育雛はオスに任せます。ミフウズラのメスは、鳥の一般常識をくつがえすような習性をもつ女傑といえます。

地上性のミフウズラにとってサトウキビ畑は逃げ込める安全地帯

第3章　奄美大島・徳之島の希少野生動物

ミフウズラの生態写真（採食時間以外は家族単位で草地で休憩する）

ミフウズラの卵座と卵
（キジ目のウズラの卵に似る）

メスの体型は堂々と大きくたくましく羽色は美しい

オスは体型もメスより小型で地味な羽色

3. 爬虫類

（オビトカゲモドキ・アカウミガメ・アオウミガメ・バーバートカゲ・オキナワキノボリトカゲ・オオシマトカゲ・ヒャン・ハイ・アマミタカチホヘビ・トカラハブ・徳之島のアオカナヘビ）

　爬虫類ではトカゲモドキ類やハブ類が原始的な種を含む固有種として地史的に古い島に限って残存しています。

　徳之島に生息する爬虫類で県指定の天然記念物にオビトカゲモドキがいます。また、奄美大島・徳之島の爬虫類には環境省や鹿児島県で絶滅危惧種として、天然記念物と重複するオビトカゲモドキ・アカウミガメ・アオウミガメ・オキナワキノボリトカゲ・オオシマトカゲ・バーバートカゲ・アマミタカチホヘビ・ヒャン・ハイ・地域個体群の徳之島のアオカナヘビ等の希少種がいます。なお、トカラハブ（トカラ列島の宝島・小宝島の産）は生物地理学上の観点から奄美大島に属するためここに含めました。ウミガメ類は海洋性の動物ですが、主な産卵・繁殖地であるため含めました。

　陸生爬虫類のトカゲ類とヘビ類の移動・分散力は自然界では地面を這う能力に限られています。そのため当地での人間活動の中の開発事業や農業での農薬・除草剤散布が、小型のトカゲやヘビ類に対して悪い影響を与えています。

アオカナヘビ

バーバートカゲ

オビトカゲモドキ（徳之島）

第 3 章　奄美大島・徳之島の希少野生動物

オキナワキノボリトカゲ

トカラハブ（宝島）

(1)オビトカゲモドキ

(爬虫綱　トカゲ目　ヤモリ科)
Goniurosaurus kuroiwae splendens Nakamura et Ueno, 1959
鹿児島県指定天然記念物・環境省カテゴリー：絶滅危惧ⅠB類・鹿児島県カテゴリー：絶滅危惧Ⅰ類

毒々しさはみかけだけ

　赤紫の毒々しい模様に赤い目玉。不気味な格好のオビトカゲモドキはまさに有毒生物の代表格のように見えます。地元の徳之島の人はジーハブ（小さなハブ）とよんで怖がっていますが、実はヤモリの仲間で無毒の可愛いい生きものなのです。徳之島の固有種です。

ペットとして大人気・過去に絶滅の危機

　筆者の体験談です。1995年夏、東京の友人から情報を受けました。世界でも徳之島しか生息しない固有種のオビトカゲモドキが東京のペットショップの店頭に1匹9千円の価格がついて30頭ほど並べられているという事でした。その後、鹿児島県は県の天然記念物に指定し、法のアミを被せ、乱獲を食い止めました。

トカゲ類の自切

　オビトカゲモドキを捕獲して尾を見て驚くことがあります。尾の形や模様の色がバラエティーに富んでいることです。この現象は、自切と再生の証なのです。自切とは敵に襲われたとき尾を切って逃げ切ったことを裏付けています。切った尾は数カ月で再生します。

昼間の生息場所と隠れ場所
（ミカン畑のマルチ栽培用のシートの下）

原生林の林道などに転がっている石の下などでみかける

第 3 章　奄美大島・徳之島の希少野生動物

オビトカゲモドキの生態写真　　　　　　　　　　　　　　　　　　　　　　　　　撮影　山田 文彦

尾の再生初期の個体

生まれてから一回も尾の自切の無い個体

餌を探索中の個体

(2) アカウミガメ

(爬虫綱　カメ目　ウミガメ科)
Caretta caretta（Linnaeus, 1758）
環境省カテゴリー：絶滅危惧ⅠB類・鹿児島県カテゴリー：絶滅危惧Ⅱ類

アカウミガメの産卵行動

　アカウミガメは日本の海岸線で最も産卵分布域が広く、日本本土でのウミガメの産卵はすべてアカウミガメです。
　アカウミガメの産卵行動は、上陸―穴掘り―産卵―穴埋め―降海と大きく五つのパターンに区分されます。直径約4cmの白いピンポン玉に似た卵を産みます。

生まれた海岸に帰ってくる海亀の生態（母浜回帰）

　産卵のため上陸したウミガメに標識をつけ、個体識別することによって、ベールに覆われたウミガメの生態がわかってきました。ウミガメ類は生涯をとおして同じカメは同じ浜に上陸して産卵する【母浜回帰】の可能性が高いことがわかりました。川で生まれたサケは、数年間海で過ごしたのち、自分の生まれた川に戻ってきて産卵します。学会ではウミガメもサケと同じように自分の生まれた海岸に戻って産卵するというような仮説が定着しています。母なる海岸の保全は重要で、やたらと改変や護岸工事をすることは、ウミガメの判断を狂わす問題を残します。

わかってきた海亀の生態（個体識別用の標識装着）

産卵場所は、満潮線よりも上の砂浜（奄美市笠利町土盛砂丘）

2種のウミガメの産卵状況の比較調査（奄美市笠利町の海岸）

地域の人たちも興味を持って調査を見学（奄美市笠利町の海岸）

卵の保護施設（奄美市笠利町の海岸）

第 3 章　奄美大島・徳之島の希少野生動物

アカウミガメの産卵行動

アカウミガメの産卵
（ピンポン玉大の白い卵）

アカウミガメの稚ガメ（孵化直後）

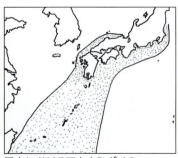

日本におけるアカウミガメの
産卵分布図

(3) アオウミガメ

(爬虫綱　カメ目　ウミガメ科)
Chelonia mydas (Linnaeus, 1758)
環境省カテゴリー：絶滅危惧Ⅱ類・鹿児島県カテゴリー：絶滅危惧Ⅱ類

アオウミガメの産卵行動
　アオウミガメは産卵分布図が示すように、屋久島が北限になります。元来ウミガメ類は南方系の動物ですので、屋久島より南に位置する奄美諸島では上陸数が増加します。

ウミガメを食材にした料理
　イギリスの宮廷料理に「ウミガメのスープ」があるそうです。この料理はアオウミガメの腹側の甲羅を軟らかく煮たスープで、なかでも西インド諸島産のアオウミガメが最高級品とされています。
　アオウミガメはなぜ美味しいのでしょうか、それは、食性からきているようです。アオウミガメはアマモやホンダワラなどの海草や褐藻類を食べます。肉食性のアカウミガメやタイマイに比べ、植物食のアオウミガメが最も肉にくせが少ないのかもしれません。日本では小笠原諸島などを除けば、ウミガメを食べる習慣はありません。

大海原を泳ぐアオウミガメ

産卵場所は満潮線よりも上の砂浜

光と波のいたずらの中撮影されたアオウミガメ（光の屈折）

アオウミガメのメス（尾は小さい）

アオウミガメのオス（尾は太く長い）

第3章 奄美大島・徳之島の希少野生動物

アオウミガメの産卵行動

アオウミガメ(左)・アカウミガメ(右)の稚ガメの比較

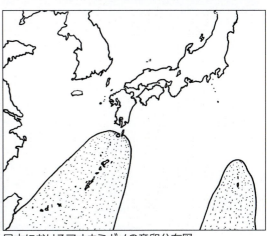
日本におけるアオウミガメの産卵分布図

(4) バーバートカゲ

(爬虫綱　トカゲ目　トカゲ亜目　トカゲ科)
Plestiodon barbouri (Van Denburgh, 1912)
環境省カテゴリー：絶滅危惧Ⅱ類・鹿児島県カテゴリー：絶滅危惧 Ⅱ類

鮮やかな瑠璃色の尾が特徴

　山地森林性のトカゲで、同属のオオシマトカゲとの間に棲み分けがみられます。本種はシイ・タブを中心とした自然度の高い極相林の常緑広葉樹に生息、集落近くの開けた場所ではみられないようです。この種の分布域は、奄美・沖縄群島のうち、原生林の残されている大きな島に限られています。

　トカゲの仲間は成長過程での幼体の尾の鮮やかな瑠璃色が特徴です。そして、成体になるにつれて尾の色は消えてしまいます。しかし、バーバートカゲでは、幼体時の色彩が成体になってからも残るとされ、成体の全長は 18 ㎝に達するものもあります。

マテリアの滝壺の水際の草地で獲物をさがす個体

極相林の丹発山
(バーバートカゲは平地で見かけず、奥山に棲む)

マテリアの滝駐車場に現れた個体

長雲峠の駐車場に現れた個体

奄美自然観察の森の林床で餌をさがす個体

第 3 章　奄美大島・徳之島の希少野生動物

バーバートカゲの生態写真

奄美中央林道の路傍の草地で
餌をさがす個体

天城岳手々集落側源流部、極相林の
林床の個体

徳之島三京のシイの根の隙間に
身を隠す個体

(5) オキナワキノボリトカゲ

（爬虫綱　トカゲ目　トカゲ亜目　キノボリトカゲ科）
Japalura polygonata polygonata（Hallowell, 1860）
環境省カテゴリー：絶滅危惧Ⅱ類・鹿児島県カテゴリー：準絶滅危惧

森の忍者・奄美のカメレオン

キノボリトカゲはカメレオンと同じように、周囲の環境に応じて体の色を鮮やかな緑や暗褐色に変化させる隠蔽色の能力をもっていて、森の中では見つけにくい存在です。しかし、森林内でセミが騒がしく異常に鳴くときは現場に急行してください。発見のチャンスです。キノボリトカゲはセミが大好物なのです。異常な鳴き声は、捕まったセミの必死の叫びなのです。

樹上の道化師

キノボリトカゲは樹上の道化師で、いろいろな面白い行動を見せてくれます。樹上を狂ったように走り回ったり、猫のような忍び足で歩いたり、仲間に会えばペコペコと頭を上げ下げし、相手を威嚇します。日の当たる場所では、何時間でも動かないで日光浴をする変わり者です。

奄美自然観察の森の林内で樹上のセミをさがす個体

スダジイの極相林（龍郷町長雲峠）

路傍の草地で餌をさがす個体

岩の上でポーズをとる個体
（体表の色の変化は鮮やか）

岩についた蘚苔類の色に合わせる擬態

第 3 章　奄美大島・徳之島の希少野生動物

オキナワキノボリトカゲの生態行動

生まれて間もない幼体が防御の行動（身動きしない）

夜間調査で偶然起こされ、寝ぼけ顔の個体

顔のアップ写真は図鑑で見る恐竜と比較して遜色がない

(6) オオシマトカゲ

(爬虫綱　トカゲ目　トカゲ亜目　トカゲ科)
Plestiodon oshimensis（Thompson, 1912）
環境省カテゴリー：準絶滅危惧・鹿児島県カテゴリー：準絶滅危惧

外来捕食者の侵入で消滅の危機

　低地の開けた環境を好んで生息し、人家周辺でごく普通に見られていたオオシマトカゲが、外来のイタチやマングースの影響で激減しているといわれています。今後の保全対策として、強力な外来捕食者であるイタチやマングース、ノネコの対策が急がれます。

トカゲ採集の秘伝紹介

　トカゲは特にバッタが大好物です。トカゲはバッタが目につき次第すぐに食いついてきます。このような習性を利用し、魚釣りの方法でトカゲを釣ります。2mほどの竹竿にテグスをつけ、糸の先端にバッタを縛り付けます。もちろん針は使いません。片手にバケツを持ち、釣れたトカゲをバッタと共に、すばやくバケツに入れます。トカゲはあわててくわえたバッタを放します。

畑で餌さがしの個体

平地のサトウキビ畑に隣接するブッシュ(藪)を好む

農業用ビニールハウスの中は重要な生息地

オオシマトカゲの卵2個

顎が強大に発達したオスの個体

第 3 章　奄美大島・徳之島の希少野生動物

婚姻色のオオシマトカゲの成体オス（複雑な模様と色彩で飾る）

婚姻色の成体オス（尾は再生・背面）

婚姻色の成体オス（尾は再生・正面）

畑の境界・サンゴ礁の隙間をすみかとする若い個体

(7) ヒャン

(爬虫綱　トカゲ目　ヘビ亜目　コブラ科)
Calliophis japonicas japonicas（Gunther, 1868）
環境省カテゴリー：準絶滅危惧・鹿児島県カテゴリー：準絶滅危惧

要注意！日本にも毒蛇コブラがいます

　ヒャンは小型の美しいヘビですがコブラ類の一種で猛毒をもっています。日本にも野生のコブラが生息しているのは驚きです。奄美大島にはヒャン、徳之島にはハイがいます。ヒャンとハイは分類学的には種レベルでは同一種ですが、亜種レベルで分けられています。両種は完全に模様に違いがあります。捕獲すると、尾の先を押し付けて刺すような行動を見せます。これを見て、地元の人は尾で刺されると思っています。

　尾は短く、尾端は円錐状(ボールペンの先のような形)に尖り、先端にも鱗があります。軟らかい土では尾から先に潜り込んで逃げます。特殊な尾の構造と行動は逃避のための適応・進化を示しています。生息地は原生林に限らず、低地の海岸線が近い場所でもみかけます。

毒性は中枢神経毒

　ヒャンの毒性は中枢神経毒で、実際に咬まれた人がいるのでしょう。土地の人はこのヘビを恐れて触ろうとしません。しかし、性質はおとなしく、口が小さいため人間が咬まれることはめったにありません。無理やり口をこじ開けて、子どもの細い小指でも入れない限り事故は起きそうにありません。

海岸線の近くの生息地(龍郷町円海岸)

原生林内の林道の路傍でも確認される生息地

第3章 奄美大島・徳之島の希少野生動物

ヒャンの生態写真

湯湾岳登山口の生息地

飼育個体

尾を使い後ろ向きで土に潜り込む
（尾の先にも頑丈な鱗）

(8) ハイ

(爬虫綱　トカゲ目　ヘビ亜目　コブラ科)
Calliophis japonicas boettgeri Fritze, 1894
環境省カテゴリー：準絶滅危惧・鹿児島県カテゴリー：準絶滅危惧

ハイはヒャンの亜種ですが、ヒャンとは模様に大きな違いがあります。

クレオパトラと毒蛇アスプ

　エジプトの女王・クレオパトラが、自らの命を絶つのに用いたことで知られる毒蛇アスプは、エジプトコブラの小型で美しい毒蛇です。ヒャン、ハイはこの毒蛇に近い仲間であるとされます。映画のシーンなどでは鎌首をもたげて威嚇する大型の黒いコブラが使われることがあるようですが間違いです。

ハイの分布

　ハイは沖縄諸島にも生息し、模様は同じです。徳之島に隣接する奄美大島でなく、遠く離れた沖縄諸島と同じ分布とは不思議です。また、ハイの体の条の数に変異が認められます。徳之島の歴史資料館や捕獲した数個体の観察から、条の本数の違いについて観察し、3タイプが認められ、結果を論文に掲載しました（鮫島：1992）。

道路上の浮石の下に潜んでいた個体（天城町三京林道）

生息地は極相林内（三京林道）

観察者へ注意を呼び掛ける看板
（徳之島井之川岳電波塔入口）

体長計測

頭頸部

第 3 章　奄美大島・徳之島の希少野生動物

ハイの生態行動

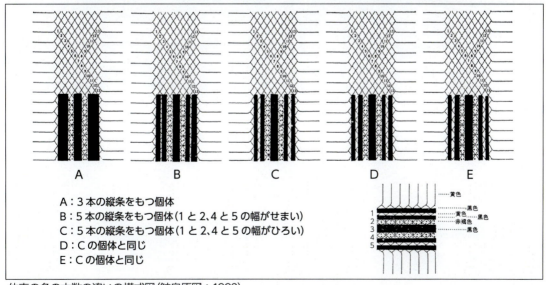

A：3本の縦条をもつ個体
B：5本の縦条をもつ個体（1 と 2、4 と 5 の幅がせまい）
C：5本の縦条をもつ個体（1 と 2、4 と 5 の幅がひろい）
D：Cの個体と同じ
E：Cの個体と同じ

体表の条の本数の違いの模式図（鮫島原図：1992）

(9) アマミタカチホヘビ

(爬虫綱　トカゲ目　ヘビ科)
Achalinus werneri Van Denburgh, 1912
環境省カテゴリー：準絶滅危惧・鹿児島県カテゴリー：準絶滅危惧

真珠光沢の鱗

　ビーズの真珠光沢の鱗をみせる珍しいヘビ、アマミタカチホヘビの徳之島での確認例はこれまでになく、この写真の個体が初めてと思われます。環境を強く選好するらしく、暗く湿った森林中の朽木や腐植質の土の中にいます。乾燥に弱く、地中に潜りミミズなどを食べます。

同定は尾の鱗で見分ける

　ヘビ類の尻尾は総排泄腔から後部を尾とします。タカチホヘビであるか否かは、タカチホヘビの特徴として腹側の尾下板（尾の腹板の鱗）の並びで識別する方法があります。ほとんどのヘビでは対をなして並ぶが、タカチホヘビ属ははしご状の単一に並びます。

落葉落枝の下から発見（ミミズ食のためミミズの多い場所でみつかる）

生息地は水溜りのある湿地帯が多い

頭頚部

頭頚部の腹側

尾（肛門から先）の腹板の並びがポイント

第 3 章　奄美大島・徳之島の希少野生動物

落葉落枝の下にいたアマミタカチホヘビ（徳之島産の確認は本写真が最初）

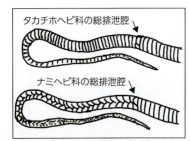
ナミヘビ類との尾腹板の比較

右往左往し、落ち着かない様子は、
物陰に隠れようとする行動

平坦地の移動法（蛇行）

(10) トカラハブ

(爬虫綱　トカゲ目　ヘビ亜目　クサリヘビ科)
Protobothrops tokarensis Nagai, 1928
環境省カテゴリー：準絶滅危惧・鹿児島県カテゴリー：準絶滅危惧

小さい島で独自の進化

奄美諸島とは外れますが、トカラ列島の宝島・小宝島にはハブの固有種トカラハブが生息しています。奄美大島・徳之島に棲むハブより小型（体長1m以内）の種で、体色は全身が白色の個体、やや桃色がかった個体、黒色の個体などと変異があります。

小さな島で命を繋ぐ

300万年前頃から、小さな島で命を繋いできたトカラハブの不思議を解明するために、1998年に現地踏査をしました。極めて小さい島（面積：5.9k㎡）であるのに、地形的に高い山（291m）があり、低地には小さな沢や湧水地が多い環境です。そこには夏場の餌になるリュウキュウカジカガエルがたくさん生息しています。春と秋の餌は渡り鳥であり、この季節には地上よりも、樹上に餌を求めるハブが多くみられます。また、その年の気温にもよりますが、12月から翌年の3月まで冬眠してしのぎます。このことから、トカラハブが小さな島での生息が可能なことを納得しました。

ビロウの樹で覆われている宝島の最高地点(291m)

小宝島からの宝島の遠景

ビロウの森

ガジュマルの森

飼育下産卵の卵

第3章 奄美大島・徳之島の希少野生動物

トカラハブの黒色型（写真上）と白色型

夜間活動する個体

ハブ捕獲人による捕獲状況

捕獲した個体は布製の袋に収納する

(11) 徳之島のアオカナヘビ

(爬虫綱　トカゲ目　トカゲ亜目　カナヘビ科)
Takydromus smaragdinus (Boulenger, 1887)
環境省カテゴリー：絶滅の恐れのある地域個体群・鹿児島県カテゴリー：消滅危惧Ⅱ類

南西諸島の島々で絶滅にむかうトカゲ

　アオカナヘビは昆虫食のトカゲであり、緑の草むらが主なすみかです。除草剤や農薬との因果関係で絶滅が取りざたされる種です。南西諸島全域の島々に普通に見られた種でありながら、沖永良部島産と徳之島産が絶滅の危機に瀕しています。

ヘビという名前のついたトカゲ

　動物の名前には大変不合理な名前を付けられたものがあります。南西諸島産の動物でもネズミでないのにワタセジネズミ、ウズラでないのにミフウズラ、ヘビでないのにアオカナヘビ等々、これらはすべて正式な和名です。

クモの糸から逃れられない個体

畑のヘッジロウ (帯状の藪) でよく見かける

路傍の草で休むメス
(脇腹の縦線が白い)

路傍の草で休むオス
(脇腹の縦線が褐色)

バッタをくわえる個体

第 3 章　奄美大島・徳之島の希少野生動物

アオカナヘビの生態写真

手のひら上の若い個体

餌さがしのオス個体

餌さがしのメス個体

4. 両生類
（イボイモリ・アマミイシカワガエル・オットンガエル・アマミハナサキガエル・アマミアカガエル・シリケンイモリ）

　両生類ではイボイモリ、イシカワガエル、オットンガエルが地史的に古い島に限って残存している原始的な固有種としてあげられます。日本産のイボイモリは外国産のイボイモリ属を含む中でも原始的なイボイモリ属に含まれ、中国南西部とヒマラヤ東部に5種が知られているにすぎず、それらの中でさえもイボイモリはより高い原始性をもっているといわれています。

　奄美大島・徳之島に生息する両生類で県指定の天然記念物にイボイモリ・アマミイシカワガエル・オットンガエル・アマミハナサキガエルなどがいます。また、環境省や鹿児島県で絶滅危惧種としての両生類は、天然記念物と重複するイボイモリ・アマミイシカワガエル・オットンガエル・アマミハナサキガエルをはじめシリケンイモリとアマミアカガエルが選定されています。

　両生類の特性である体表面の構造から、人間社会との因縁の酸性雨に対する影響や、外部から持ち込まれるカエル類感染症（ツボカビ病）の侵入に配慮が必要です。

イボイモリ

第 3 章　奄美大島・徳之島の希少野生動物

(1) イボイモリ

(両生綱　サンショウウオ目　イモリ科)
Echinotriton andersoni（Boulenger, 1892）
鹿児島県指定天然記念物・環境省カテゴリー：絶滅危惧Ⅱ類・鹿児島県カテゴリー：絶滅危惧Ⅰ類

遺存種「生きた化石」

　イボイモリはイモリ科の中で最も原始的な希少動物です。大昔からの遺存種として、奄美大島と徳之島に生息しています。しかし、奄美大島では近年ほとんど見られなくなっています。一方、徳之島では、競争相手のシリケンイモリの生息が全くないのでイボイモリは繁栄しています。

爬虫類と両生類の中間型

　体型や皮膚の状況、変態後の生活スタイルは爬虫類に近く、卵の形状や性状は殻の無い両生類であり、繁殖は水辺に頼っています。イボイモリは、形態的にも生態的にも両生類と爬虫類を繋ぐ謎の輪（ミッシングリング）的存在です。繁殖習性にも特徴があります。

特異な繁殖習性

　飼育下繁殖と生息地繁殖の観察から特異な繁殖方法が分かりました。卵は水面より数センチ離れた湿り気のある陸域に一粒、一粒をばらまくように産み付けられます。卵の数は十数個前後。卵の径は約3㎜程度、それを包むようにゼリー層が乾燥をふせいでいます。13日〜18日で孵化し、孵化した幼生はピチピチと跳ねながら水辺にたどりつき水中に入ります。変態まで水中ですごし、孵化後40日目頃に陸地に上陸し変態します。その後は水には入りません。
【日本初の飼育下繁殖。日本動物園水族館協会：繁殖賞.1992年筆者ら受賞】

産卵場所の確認調査

生息環境（徳之島・天城町当部の湿地）

リュウキュウマツの落葉にからみついた卵

水溜りの泥の中から幼生がみつかる

落葉・落枝を取り除いた下に潜んでいる

第3章 奄美大島・徳之島の希少野生動物

イボイモリの生態写真

尾・足・総排泄腔（腹面）は橙色

ロードキル（轢死）防止対策の構造物
（徳之島尾母国有林内）

奄美大島では絶滅寸前（奄美大島
長雲峠の道路上で確認した個体）

(2) アマミイシカワガエル

(両生綱　カエル目　アカガエル科)
Odorrana splendida　Kuramoto, Satou, Oumi, Kurabayashi et Sumida, 2011
鹿児島県指定天然記念物・環境省カテゴリー：絶滅危惧ⅠB類・鹿児島県カテゴリー：絶滅危惧Ⅰ

日本一美しいカエル

　大型で、緑色の地肌に鮮やかな金色の斑紋をもち、日本産のカエルのなかで最も美しいと定評があります。美しさゆえに、外国の動物園がほしがる垂涎の大型カエルです。現在、鹿児島県指定の天然記念物になり、乱獲が防止されています。アマミイシカワガエルは渓流の上流域に生息するカエルで、若葉の萌える四月頃になると、渓流の音を打ち消すように、ヒョウー・・・ヒョウー・・・と求愛するオスの鳴き声が奄美の森に響きわたります。特異な繁殖習性があり、産卵は日光の当たらない伏流水中です。そのためか、卵と孵化した幼生(オタマジャクシ)はピンクがかった乳白色をしています(椎原・鮫島：1995)。

世界一賢いカエル

　アマミイシカワガエルは、一腹分の卵を2回(2年)に分けて変態させる、危機分散の方法を開発した利口なカエルです。普通、カエルの卵は1年以内にオタマジャクシから一斉に変態しカエルになることがわかっています。この常識を覆したのが本種です。
　同じ親(1番)から生まれ、同じ水槽の環境で、同じ餌を食べながら、オタマジャクシで200日齢までに変態しカエルになったグループ、300日齢を過ぎても幼生(オタマジャクシ)の状態で越冬し、400日齢を過ぎてやっと変態してカエルになったグループ、の二つのタイプが確認されました。【日本初の飼育下繁殖。日本動物園水族館協会：繁殖賞.1992年筆者ら受賞】

賢い繁殖生態(今年半分、翌年残りの半分を変態させる)

生息環境(奄美市住用の神屋林道の滝)

飼育下繁殖(卵塊)

飼育下繁殖
(ラブコールで使う立派な鳴嚢)

飼育下繁殖(抱接)

第3章 奄美大島・徳之島の希少野生動物

※アマミイシカワガエルは、2011年以前は沖縄産ともに「イシカワガエル」と呼ばれていましたが、2011年をもって奄美産は「アマミイシカワガエル」、沖縄産は「オキナワイシカワガエル」とそれぞれ分けて呼ぶようになりました。

アマミイシカワガエルの生態写真（奄美中央林道）

飼育下繁殖の幼体と亜成体

防御姿勢をとる樹上の個体
（奄美自然観察の森）

人間に遭遇し身をすくめる個体
（黄金色の模様が美しい）

(3) オットンガエル

(両生綱　カエル目　アカガエル科)
Babina subaspera（Barbour, 1908）
鹿児島県指定天然記念物・環境省カテゴリー：絶滅危惧ⅠB類・鹿児島県カテゴリー：絶滅危惧Ⅰ

奄美のケンムンの正体

　奄美大島にはケンムン（妖怪）の伝承が現在でも色濃く残っています。特に気根が乱れ髪のように垂れ下がったガジュマルの下に、ケンムンは出没するといわれています。奄美の原生林を深夜歩くと、中年男の野太い声に呼び止められることがあります。「オオイ・オイ」耳元で怒鳴られると肝をつぶします。正体はオットンガエルです。

オスの前足には鋭い棘状の爪

　本種の最大の特徴は、カエル類では珍しく5本の指をもっています。オスの前足第1指は鋭い棘になっていて、捕獲時に刺されたり、引っ掻かれたりして、出血するような大怪我をします。メスは痕跡程度の爪がありますが皮膚に覆われています。
　棘状の爪は、外敵やオス同士の喧嘩の時の武器として使うほかに、繁殖のときの抱接と関係があるのではないかと考えられています。
【日本初の飼育下繁殖。日本動物園水族館協会：繁殖賞.1993年筆者ら受賞】

産卵地の環境（奄美市三太郎峠付近）

巣と卵

腹側

五本の指と爪

幼生の5個体

第 3 章　奄美大島・徳之島の希少野生動物

オットンガエルの生態写真

背面から

側面から

人間との遭遇で身を伏せる個体

(4) アマミハナサキガエル

(両生綱　カエル目　アカガエル科)
Odorrana amamiensis（Matsui, 1994）
鹿児島県指定天然記念物・環境省カテゴリー：絶滅危惧Ⅱ類・鹿児島県カテゴリー：絶滅危惧Ⅱ類

樹の上から睨みを利かす大型カエル

　木登り上手は猿だけじゃない、カエルの仲間も木に登ります。特に徳之島産のアマミハナサキガエルは木の上でよく見かけます。同じ目線で睨まれると、一瞬、猛毒蛇ハブに見え、ハッと息をのみます。一般的に奄美産はスマート、徳之島産はずんぐり型が多いようです。

脚の長い名ジャンパー

　ハナサキガエルの特徴の一つは、強力なジャンプ力です。一跳びで 3mは楽に跳んでしまいます。おそらく日本産カエルのチャンピオンでしょう。後足が長く折りたたむと左右の踵の部分が重なり合う状態です。カエルの足の長さとジャンプ力は完全に対応しています。
　カエルのオリンピックでは金メダルまちがいなし。
【日本初の飼育下繁殖。日本動物園水族館協会：繁殖賞 .1994 年筆者ら受賞】

生息環境(徳之島・天城町三京水源地)

生息環境(徳之島・天城町三京の渓流)

樹上で睨みを利かす個体
(徳之島町手々)

ゲジを追ってきた個体
(奄美市金作原)

大きさを示すスケール

第3章　奄美大島・徳之島の希少野生動物

アマミハナサキガエルの生態写真

茶色な環境に溶け込む個体

ややスマートな体形の個体
（奄美大島産）

ややずんぐりの体型の個体
（徳之島産）

(5) アマミアカガエル

(両生綱　カエル目　アカガエル科)
Rana kobai Matsui, 2011
環境省カテゴリー：準絶滅危惧・鹿児島県カテゴリー：準絶滅危惧

ヒメハブの大好物

　昔から、漁師は海面に群れる海鳥を見つけ、魚の群れの存在を知ったと聞きます。奄美大島のハブ捕り名人の南竹一郎さん (故人) はアマミアカガエルの繁殖期に合わせ、このカエルの集まる沢にヒメハブを求めて入っていったといいます。ヒメハブはアカガエルが大好物なのです。

最近新種として記載されたカエル

　かつては沖縄諸島に分布するものとともに、リュウキュウアカガエルとされていましたが 2011 年に新種記載されました。全長はオスが 32 〜 41 ㎜、メスが 35 〜 46 ㎜。日本本土産のアカガエルとほぼ同大です。上唇に白条が入るのが特徴です。極めて少ない種類です。奄美諸島では奄美大島と徳之島に分布します。

生息地での調査 (徳之島)

繁殖地環境：水しぶきの見られる渓流 (奄美大島)

第 3 章　奄美大島・徳之島の希少野生動物

アマミアカガエルの生態写真（身を伏せる姿勢）

捕獲個体

落ち葉の上で餌さがし

夏・夜・雨の条件で道路にも出現

(6) シリケンイモリ

(両生綱　サンショウウオ目　イモリ科)
Cynops pyrrhogaster ensicauda（Hallowell, 1860）
環境省カテゴリー：準絶滅危惧・鹿児島県カテゴリー：準絶滅危惧

手裏剣の名のつくイモリ

　シリケンイモリのシリケンは、幅の広い尾の形が時代劇で登場する手裏剣を想像させることから付けられた和名です。奄美大島では数は多く、止水の水溜りがあれば普通に見られます。しかし、沖縄県産が少なくなっていることもあり、シリケンイモリは危惧種に指定されているようです。奄美大島と沖縄島の間に位置する奄美大島の南にある徳之島には、本種は全く生息しません。一方、重要種のイボイモリは徳之島では繁栄していますが、奄美大島での分布は局所型で相対的密度は非常に低く稀です。非連続な分布の現象は大きな謎の一つです。

希少種カエルの天敵

　シリケンイモリの食欲は貪欲で、奄美産の貴重なカエル類の卵をパクパク食べる姿を見かけます。そのような状況を見ると、はらはら気をもむことがあります。食物連鎖などの「食う・食われる」の関係であり、これが自然界のありのままの姿なのでしょうか。

繁殖地の現場は大島紬の泥染場（奄美市笠利町須野）

生息環境のタイモ畑（龍郷町秋名）

脅しのポーズ【イナバウアー】前から

脅しのポーズ【イナバウアー】後ろから

脅しのポーズ【イナバウアー】ひねり

第3章　奄美大島・徳之島の希少野生動物

水中のシリケンイモリの生態写真（左：オス、右：メス）

お腹の色

背面の色には著しい変異がある

頭部の拡大

5. 魚類・甲殻類
（リュウキュウアユ・オカヤドカリ）

　魚類相・甲殻類相はレッドリスト掲載種が多く注1、琉球列島の中の奄美大島・徳之島では、純淡水魚が極めて少なく、通し回遊魚や周縁性淡水魚が多くなります。中でも特に豊富なのがハゼ亜目であり、これらの種にとっては分布北限域になっていることが多いようです。

　奄美大島にはリュウキュウアユと奄美大島の龍郷湾と住用湾に生息しているミナミアシシロハゼの固有種が生息しています。また、田んぼに生息するドジョウ・ミナミメダカ・フナ属などのリストアップは、稲作の減少に起因しています。

　甲殻類相の特徴は、鹿児島県は温帯から亜熱帯地域に位置し、南は琉球列島を構成する島嶼が存在します。本県の沿岸を南から北へ黒潮が流れており、十脚甲殻類相に影響を与え、オキナワアナジャコやシオマネキ類の分布域の北限になっています。天然記念物のオカヤドカリは幼生時に海流による分散によって、薩摩半島の南岸域の海岸でも見られます。ヤシガニ（環境省絶滅危惧Ⅱ類・鹿児島県絶滅危惧Ⅰ類）は与論島・沖永良部島・奄美大島・徳之島・小宝島で、稀ですが報告されています。

　ここでは、環境影響調査（アセス調査）等の希少種対象として挙げられるオカヤドカリとリュウキュウアユを紹介します。

オカヤドカリ

第 3 章　奄美大島・徳之島の希少野生動物

リュウキュウアユ

注 1：魚類相・甲殻類相にはレッドリスト掲載種が多いですがここでは環境影響調査 (アセス調査) 等で希少種対象となっているオカヤドカリとリュウキュウアユに限りました。

(1) リュウキュウアユ

（魚綱　サケ目　アユ科）
Plecoglossus altivelis ryukyensis Nishida．1988
環境省カテゴリー：絶滅危惧ⅠA類・鹿児島県カテゴリー：絶滅危惧Ⅰ類

古くは食用として珍重されていた希少淡水魚

　リュウキュウアユは琉球列島の固有亜種であり、奄美大島と沖縄島にのみ分布していました。しかし、沖縄島では1970年代後半に絶滅してしまいました。

　古くは食用魚でしたが現在では環境省カテゴリーで（絶滅危惧ⅠA類）、鹿児島県カテゴリーで（絶滅危惧Ⅰ類）として指定希少野生動植物種として保護されています。現在は奄美大島中南部を中心に生息していて、主要な生息河川は奄美市住用町の住用川・役勝川・川内川と宇検村の河内川に限られています。

　洪水被害などの復旧工事では、リュウキュウアユの生息環境に配慮した改修工事が行われています。

産卵場所は何処でしょう

　産卵は秋から冬（11月～2月）に河口周辺マングローブ域より上流の河川内（感潮域直上）の早瀬の砂利中に産卵することがわかっています。孵化後、沿岸域とマングローブ域で過ごし、2～5月にかけて河川に遡上し、成熟するまで生活します。基本的に一年で成熟し、繁殖後に死亡する年魚です。

主要な生息河川（住用川）

主要な生息河川（役勝川）

マングローブ林内は稚魚を育むゆりかご（左：干潮時、中央：満潮時、右：満潮時）

第 3 章　奄美大島・徳之島の希少野生動物

リュウキュウアユの生態写真

生活様式による汽水・淡水魚のグループ分け		
純淡水魚	一次的淡水魚	コイ・ナマズ・ドジョウ（一生を淡水域で生活し、海では生きられない。）
	二次的淡水魚	メダカ・カダヤシ・ティラピア類（一生を淡水域で生活するが、海でも生存可能。）
通し回遊魚	降河回遊魚	ウナギ
	遡河回遊魚	サケ・シロウオ
	両側回遊魚	アユ・ヨシノボリ類
周縁性淡水魚	汽水性淡水魚	マハゼ・多くの汽水性ハゼ類（元来は海産魚だが、河口域で生活。）
	偶来性淡水魚	ボラ・スズキ・クロダイ（元来は海産魚で、一時的に汽水・淡水域に侵入。）

後部からの写真

側面からの写真

住用川と役勝川の合流地点のマングローブ林

(2) オカヤドカリ

(甲殻綱　エビ目　オカヤドカリ科)
オカヤドカリ属　（Coenobita 属）
国指定天然記念物・環境省カテゴリー：分布特性上重要・鹿児島県カテゴリー：分布特性上重要
（鹿児島県ではムラサキオカヤドカリ・オカヤドカリ・ナキオカヤドカリの3種が対象種となる）
①ムラサキオカヤドカリ Coenobita purpureus Stimpson,1858
②オカヤドカリ Coenobita cavipes Stimpson,1858
③ナキオカヤドカリ Coenobita rugosus H,Milen Edwards,1837

総称オカヤドカリとして国の天然記念物に指定

　鹿児島県内に生息するオカヤドカリは、ムラサキオカヤドカリ・オカヤドカリ・ナキオカヤドカリの3種です。海岸に打ち上げられた貝殻の中にすみ、陸上生活をします。
　種の保存法によるレッドデータブックでは、分布特性上重要という記載になっています。国外ではインドー西部太平洋域、国内では琉球列島・小笠原諸島であり、分布域は広大で、生息数も無限大です。文献上ではムラサキオカヤドカリは種子島・屋久島が北限とされています。しかし、鹿児島県の本土薩摩半島の南岸域の南九州市の海岸でも見られます。

3種のオカヤドカリ類の同定法

　奄美大島・徳之島にみられる3種のオカヤドカリの種の同定は、外観や色による種同定は極めて難しいため、専門家による同定法を図に提示しました。

生息環境（徳之島天城町兼久犬の門蓋の藪地）

生息環境（徳之島伊仙町鹿浦川河口の藪地）

ソテツの実の赤い皮部を齧るオカヤドカリ（奥にみられる）

サザエの殻を借りたオカヤドカリ

外来種スクミリンゴガイ（ジャンボタニシ）の殻を借りたオカヤドカリ

第3章　奄美大島・徳之島の希少野生動物

脚を蓋にして防御

外来種アフリカマイマイの殻を借りたムラサキオカヤドカリ

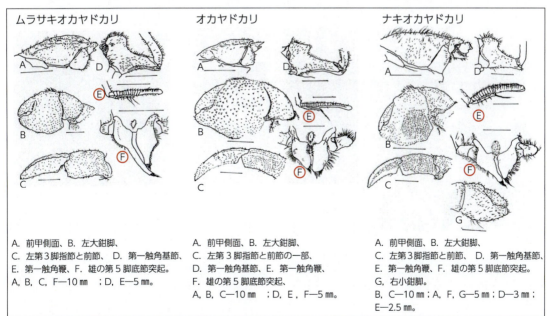

A. 前甲側面、B. 左大鉗脚、
C. 左第3脚指節と前節、D. 第一触角基節、
E. 第一触角鞭、F. 雄の第5脚底節突起。
A, B, C, F—10 mm ; D, E—5 mm。

A. 前甲側面、B. 左大鉗脚、
C. 左第3脚指節と前節の一部、
D. 第一触角基節、E. 第一触角鞭、
F. 雄の第5脚底節突起、
A, B, C—10 mm ; D, E, F—5 mm。

A. 前甲側面、B. 左大鉗脚、
C. 左第3脚指節と前節、D. 第一触角基節、
E. 第一触角鞭、F. 雄の第5脚底節突起。
G, 右小鉗脚。
B, C—10 mm ; A, F, G—5 mm ; D—3 mm ;
E—2.5 mm。

オカヤドカリ3種の検索図（○は同定ポイント）（仲宗根幸男：1987. あまんより一部改変）

第四章 奄美群島産陸生脊椎動物のすべて
― 奄美群島の野生動物図鑑 ―

『哺乳類・鳥類(留鳥)・爬虫類・両生類の希少種・普通種を含む全種』

ハロウェルアマガエル

ハブ

両生類普通種：ハロウェルアマガエル・ヌマガエル・ウシガエル・アマミアオガエル・リュウキュウカジカガエル・ヒメアマガエルの6種。

爬虫類普通種：ミナミヤモリ・アマミヤモリ・ホオグロヤモリ・タシロヤモリ・オンナダケヤモリ・ヘリグロヒメトカゲ・メクラヘビ・リュウキュウアオヘビ・アカマタ・ガラスヒバァ・ヒメハブ・ハブの12種。

第4章　奄美群島の野生動物図鑑

カワセミ

鳥類（留鳥）普通種　カイツブリ・リュウキュウヨシゴイ・クロサギ・キジ・シロハラクイナ・バン・リュウキュウキジバト・リュウキュウズアカアオバト・リュウキュウコノハズク・リュウキュウアオバズク・カワセミ・リュウキュウアカショウビン・アマミゲラ・リュウキュウツバメ・リュウキュウサンショウクイ・アマミヒヨドリ・イソヒヨドリ・リュウキュウウグイス・セッカ・アマミヤマガラ・アマミシジュウカラ・リュウキュウメジロ・スズメ・リュウキュウハシブトガラスの24種。

リュウキュウジャコウネズミ

哺乳類普通種　リュウキュウジャコウネズミ・ヨウシュハツカネズミ・マレーシアクマネズミ・ヨウシュドブネズミ・コイタチ・フイリマングース・ノネコの7種。

　野生動物として対象とした分類群は、脊椎動物の哺乳類・鳥類・爬虫類・両生類であり、奄美群島にごく普通に生息する普通種（写真☆印）と、固有種・天然記念物・絶滅危惧種を含む希少種（写真★印）全種です。現在分かっている種は、哺乳類20種、鳥類38種、爬虫類23種、両生類12種です。しかし、各分類群の専門の学会において分類学上の研究結果により増減や新種の発見等で数字はそのつど変動します。

　対象とした範囲は、奄美群島（奄美大島・徳之島・喜界島・沖永良部島・与論島）とトカラ列島の宝島・小宝島です。奄美大島では奄美大島本島と加計呂麻島・請島・与路島などの属島が含まれます。また、トカラ列島の最南端に位置する宝島・小宝島は動物地理学的に奄美群島と同じ動物相のため、対象に加えました。

　動物の種数は、動物の繁殖習性や移動能力によっても左右されるものです。例えば、海流により流木や壺・瓶などを介して分布を広げる爬虫類や両生類もいます。また、人間の意図的・非意図的な行為により動物の種によって移入・分散するものがみられます。飛翔能力のある哺乳類のコウモリ類や鳥類は空を介しての移動も日常茶飯事であることも増減の大きな理由です。

　各種ごとに[種名]、[分類]、[分布]、[形態]、[生態]について記述し、種名（学名）と掲載順は環境庁脊椎動物編　日本産野生生物目録に準じました。

1. 哺乳類

　奄美群島に生息する哺乳類相では、モグラ目（食虫目）3種、コウモリ目（翼手目）6種、ウサギ目（兎目）1種、ネズミ目（齧歯目）6種、ネコ目（食肉目）3種、ウシ目（偶蹄目）1種の合計20種が生息し、その内分けは希少種（13）（特に学術的に重要な天然記念物には和名の後に明記）、普通種7であり、重要種が65％を占めています。

　哺乳類の特性上、四肢で地上を徘徊する動物と、翼をもち空中を飛翔する動物（コウモリ類）に大別できます。人間とのかかわりでみると、船などを介して移動した動物で汎世界的分布として見られる動物（ジャコウネズミやネズミ類）や人間が飼育しているネコが野化しノネコになったもの、意図的に移入した動物（コイタチ・マングース）等も含まれます。

【種名】亜種ワタセジネズミ　*Crocidura horsfieidi watasei* Kuroda, 1924
【分類】モグラ目　トガリネズミ科　オナガジネズミ
【分布】奄美大島　徳之島　喜界島　沖永良部島　与論島
【形態】小型で尾が長い。背面は暗灰褐色で腹面は淡灰褐色。吻端（鼻と口）は細く尖っている。頭胴長6〜7cm前後、尾長4〜5cm前後、後足長1〜1.3cm前後、体重4〜7g前後。
【生態】眼は小さく視力は弱く、耳と鼻の能力は発達している。夜行性。畑などの刈草などを積み上げた下に棲んでいる。繁殖期には枯草で鳥の巣に似た簡単な巣を造る。

【種名】オリイジネズミ　*Crocidura orii* Kuroda, 1924
【分類】モグラ目　トガリネズミ科　オリイジネズミ
【分布】奄美大島・徳之島から極少数が採集されているのみである。
【形態】ワタセジネズミより大型で、手や爪が大きい。背面の毛は長い。吻端（鼻と口）は細く尖っている。頭胴長7.8〜9cm前後、尾長約5cm前後、後足長は約1.5cm。
【生態】森林内が多いが、耕作地での発見もある。生息数が極めて少ないため、生態などはほとんど知られていない（阿部：1994）。

【種名】亜種リュウキュウジャコウネズミ　*Suncus murinus temmincki*（Fitzinger, 1868）
【分類】モグラ目　トガリネズミ科　ジャコウネズミ
【分布】奄美大島　徳之島　喜界島　沖永良部島　与論島
【形態】大型で、クマネズミよりは小型。尾は基部が著しく太く、先に向かって細くなりまばらに毛が生える。頭胴長11〜16cm前後、尾長6〜8cm前後、後足長1.8〜2cm前後。
【生態】人家の床下から農耕地周辺まで、各種の昆虫やミミズなどを捕食する。夜行性。日暮れになると外に出て、硬貨をチャラチャラ鳴らすような声を出しながら走り回る。

第4章　奄美群島の野生動物図鑑

【種名】**亜種オリイオオコウモリ**　*Pteropus dasymallus inopinatus* Kuroda, 1933
【分類】コウモリ目　オオコウモリ科　クビワオオコウモリ
【分布】沖永良部島　与論島
【形態】前腕長12〜15cm前後、頭胴長19〜25cm前後、体重32〜53gの大型のコウモリである。体毛は暗褐色を帯び、頸部は幅広い黄色味を帯びた毛帯で取り巻かれている。
【生態】樹林に生息し、食性からフルーツコウモリともよばれる。果実を噛んでカスはペリットとして吐き出す。送粉共生としてウジルカンダの特殊な硬い花の受粉を助けている。

【種名】**亜種オリイコキクガシラコウモリ**　*Rhinolophus cornutus orii* Kuroda, 1924
【分類】コウモリ目　キクガシラコウモリ科　コキクガシラコウモリ
【分布】奄美大島　徳之島　沖永良部島　喜界島
【形態】前腕長3.6〜4.4cm、頭胴長3.5〜5cm前後、尾長1.6〜2.6cm、体重4.5〜9g。褐色系の体毛を持つ。鼻葉の形、耳の形はキクガシラコウモリに似るが、体型は極端に小型。
【生態】昼間は洞穴で、大きな集団で休息している。日没後に出洞して採食を行なう。食物は主に小型の飛翔昆虫。奄美大島の採鉱跡の床面には糞（グァノ）の山がみられる。

【種名】**亜種ヤンバルホオヒゲコウモリ**　*Myotis yanbarensis*, 1998
【分類】コウモリ目　ヒナコウモリ科　ホオヒゲコウモリ
【分布】奄美大島　徳之島
【形態】前腕長3.4〜3.7cm、頭胴長4〜5cm、体重5g。体毛や被膜は黒色である。飛膜は第1趾基部につく。
【生態】生息地は奄美大島と徳之島の原生林に限られ、個体数は極めて少なく、同じ場所・時期に再捕獲された事例があり、行動域は比較的狭いと考えられる（船越：2016）。

【種名】**リュウキュウユビナガコウモリ**　*Miniopterus fuscus* Bonhote, 1902
【分類】コウモリ目　ヒナコウモリ科　リュウキュウユビナガコウモリ
【分布】奄美大島　徳之島　沖永良部島
【形態】ユビナガコウモリより小型。前腕長4.3〜4.7cm、頭胴長5〜6cm、体重10g。体毛はこげ茶色。狭くて長い翼をもつ（翼狭長型）。
【生態】ねぐら場所は洞窟や海蝕洞である。5月下旬から6月初旬に数百頭前後の出産・哺育集団を形成し、1仔を出産する（船越：2016）。

【種名】**リュウキュウテングコウモリ**　*Murina ryukyuana* Maeda&Matsmura, 1998
【分類】コウモリ目　ヒナコウモリ科　リュウキュウテングコウモリ
【分布】奄美大島　徳之島の原生林に生息。
【形態】前腕長3.4〜3.7cm、頭胴長4.7〜5.2cm、体重8g前後。体毛は淡褐色である。テングコウモリとコテングコウモリの中間のサイズとある。
【生態】ねぐらは、樹洞や枯葉である。オスは単独で比較的狭い行動圏を持つ。成獣メスは夏季に10数頭前後の哺育集団を形成するとある（船越：2016）。

【種名】スミイロオヒキコウモリ　*Tadarida latouchei* Thomas, 1920
【分類】コウモリ目　オヒキコウモリ科　スミイロオヒキコウモリ
【分布】奄美大島　与論島で拾得個体があるが情報不足。
【形態】前腕長5.3〜5.5cm、頭胴長6.7〜8.2cm。体毛は比較的短く黒褐色である。尾が腿間膜より長く突出し、耳介は大きい。
【生態】本種は奄美大島の海岸の断崖付近で音声が記録され、岩盤の割れ目内がねぐらであると思われている（船越：2016）。

【種名】アマミノクロウサギ　*Pentalagus furnessi*（Stone, 1900）
【分類】ウサギ目　ウサギ科　ムカシウサギ亜科　アマミノクロウサギ　（国指定特別天然記念物）
【分布】奄美大島と徳之島にのみ生息する一属一種の珍種。原始的な特徴を持つとされる。
【形態】頭胴長43〜47cm前後、尾長1〜2cm前後、耳長4〜5cm前後。後足長9cm前後、体重2kg前後である。背面は暗褐色、腹は背より薄く灰褐色。耳と足は短く爪は強大。
【生態】夜行性。シイ・カシの優占する原生林に生息。岩の多い林内が主で、二次林や林道にも現れる。子育ては赤土の穴に仔を隠し、夜授乳に訪れ、授乳後再び巣を泥で塞ぐ。

【種名】亜種ヨウシュハツカネズミ　*Mus musculus musculus* Linnaeus, 1758
【分類】ネズミ目　ネズミ科　ネズミ亜科　ハツカネズミ
【分布】汎世界的分布の種である。奄美大島　徳之島　喜界島　沖永良部島　与論島
【形態】頭胴長5.7〜9cm前後、尾長4〜8cm前後、後足長1.3〜1.7cm前後で、体重9〜23g。毛は短く軟らかい、背面は茶色、腹面は白い。
【生態】家屋、水田、畑地、河川敷、荒地および砂地などに生息する。原野では穴居生活をする。雑食性で人間生活に依存する集団もあり、害獣として嫌われる。

【種名】アマミトゲネズミ　*Tokudaia osimensis* Abe, 1933
【分類】ネズミ目　ネズミ科　ネズミ亜科　アマミトゲネズミ　（国指定天然記念物）
【分布】奄美大島　（染色体2n＝25、XO型）
【形態】頭胴長12〜17cm前後、尾長9〜12cm前後、後足長（爪とも）3.2〜3.8cm前後。体毛の密度は高く、普通の体毛と2cmほどの針状毛（トゲ）の2種類の毛がある。
【生態】シイ・カシの原生林に生息。林床の岩や根株の隙間に巣穴を掘り利用する。シダや草本類の繁茂する林道でも出現する。雑食性であるが、特にスダジイの実が好物である。

【種名】トクノシマトゲネズミ　*Tokudaia tokunoshimensis* Endo&Tsuchiya, 2006
（2008年にトクノシマトゲネズミとして新種記載された）
【分類】ネズミ目　ネズミ科　ネズミ亜科　トクノシマトゲネズミ　（国指定天然記念物）
【分布】徳之島　（染色体2n＝45、XO型）
【形態】頭胴長12〜17cm前後、尾長9〜12cm前後、後足長（爪とも）3.2〜3.8cm前後。体毛の密度は高く普通の体毛と2cmほどの針状毛（トゲ）の2種類の毛がある。
【生態】シイ・カシの原生林に生息。昼間の三京林道で、落下したシイの実を食べる個体を観察、移動はホッピング。威嚇行動と思うが、尾を背に付くように反転させ震わす。

第4章　奄美群島の野生動物図鑑

【種名】亜種マレーシアクマネズミ　*Rattus rattus diardi*（Jentink, 1879）
【分類】ネズミ目　ネズミ科　ネズミ亜科　クマネズミ
【分布】汎世界的分布の種である。奄美大島　徳之島　喜界島　沖永良部島　与論島
【形態】頭胴長15〜24cm前後、尾長15〜26cm前後、後足長2.2〜3.5cm前後で、体重15〜20g。背面は黒色〜灰褐色で腹面は灰色から白色。耳は大きく前に倒すと目に届く。
【生態】家屋、畑地、河川敷、荒地および砂地などに生息する。雑食性で人間生活の害獣として嫌われる。ソテツの実の赤い果皮を齧る個体を観察する。樹登りも上手。

【種名】亜種ヨウシュドブネズミ　*Rattus norvegicus norvegicus*（Berkenhout, 1769）
【分類】ネズミ目　ネズミ科　ネズミ亜科　ドブネズミ
【分布】汎世界的分布の種である。奄美大島　徳之島　喜界島　沖永良部島　与論島
【形態】頭胴長11〜28cm前後、尾長15〜22cm前後、後足長2.7〜4.2cm前後で、体重40〜50g。背面は褐色がかった灰色。腹面は灰色か黄色かかった白色。
【生態】主に下水、家屋の水回りで水の十分に摂取できる比較的湿った場所を好む。雑食性で人間生活の害獣として嫌われる。島嶼では稀に巨大化した個体を見ることがある。

【種名】ケナガネズミ　*Diplothrix legatus*（Thomas, 1906）
【分類】ネズミ目　ネズミ科　ネズミ亜科　ケナガネズミ　（国指定天然記念物）
【分布】奄美大島　徳之島
【形態】頭胴長22〜33cm前後、尾長24〜33cm前後、後足長4.9〜6cm前後。背面は黄褐色。腹面は暗褐色。疎に5〜6cmの剛毛が生える。尾の基部3/5は黒褐色で、先端部は白い。
【生態】主に樹上で活動する。筆者は、尾を45度に立て林道の地面を移動する個体を複数回観察している。リュウキュウマツの未熟果（毬果）の齧り痕で生息域が判断できる。

【種名】亜種コイタチ　*Mustela itatsi sho*（Kuroda, 1924）
【分類】ネコ目（食肉目）　イタチ科　イタチ
【分布】喜界島　沖永良部島　与論島（種子島産のコイタチをネズミ駆除の目的で移入）
【形態】頭胴長はオス27〜37cm前後、メス16〜25cm、尾長はオス12〜16cm前後、メス7〜9cm。メスはオスより小型で性的二型がはっきりしている。全身山吹色を呈する。
【生態】食性は肉食性で、カエル、ネズミ類、鳥類、昆虫類。島嶼在来のヘビ類やトカゲ類の捕食もあり、希少動物の絶滅危惧の原因をつくっている。土穴を巣とする。

【種名】亜種フイリマングース　*Herpestes edwardsi*（E.Geoffroy, 1818）
【分類】ネコ目（食肉目）　ジャコウネコ科　インドマングース
【分布】奄美大島　（マングースをハブ害対策の目的で移入）
【形態】頭胴長30〜40cm前後、尾長は25〜35cm前後。黄褐色〜黒褐色で、細長い体型をしている。
【生態】食性は肉食性で、小型動物、昆虫類を捕食する。奄美大島では固有種のアマミノクロウサギなどへの影響が心配され、現在、環境省主導の駆除対策が効果を出しつつある。

- 【種名】ノネコ（イエネコ）　*Felis catus* Linnaeus, 1758
- 【分類】ネコ目（食肉目）　ネコ科　ノネコ
- 【分布】奄美大島　徳之島　喜界島　沖永良部島　与論島　（飼い猫の野化）
- 【形態】日本のノネコは、イエネコとほぼ同じ形質を持つ。カイネコが野化したものであり、毛並みは薄汚れ、荒く見え、行動は落ち着きがない。
- 【生態】食性は肉食性で、小型動物、昆虫類を捕食する。奄美大島では固有種のアマミノクロウサギなどへの影響が心配され、現在、環境省主導の駆除対策が実施されている。

- 【種名】リュウキュウイノシシ　*Sus scrofa riukiuanus* Kuroda, 1924
- 【分類】ウシ目（偶蹄目）　イノシシ科　リュウキュウイノシシ
- 【分布】奄美大島　徳之島
- 【形態】頭胴長85cm前後、尾長は14cm前後でニホンイノシシ（頭胴長137cm前後、尾長23cm）と比べかなり小型である。四肢は短く、頸と胴との境目が不明瞭、吻は長く、円筒形。
- 【生態】夜行性。生息域は原生林の中。雑食性で特にミミズや昆虫の幼虫を好み、林内にはイノシシの土耕痕跡（フィールドサイン）がある。縄張り誇示で、立ち木に牙の跡を残す。

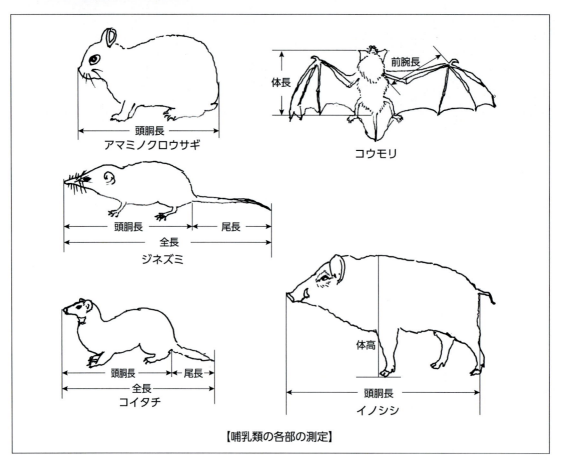

【哺乳類の各部の測定】

第 4 章　奄美群島の野生動物図鑑

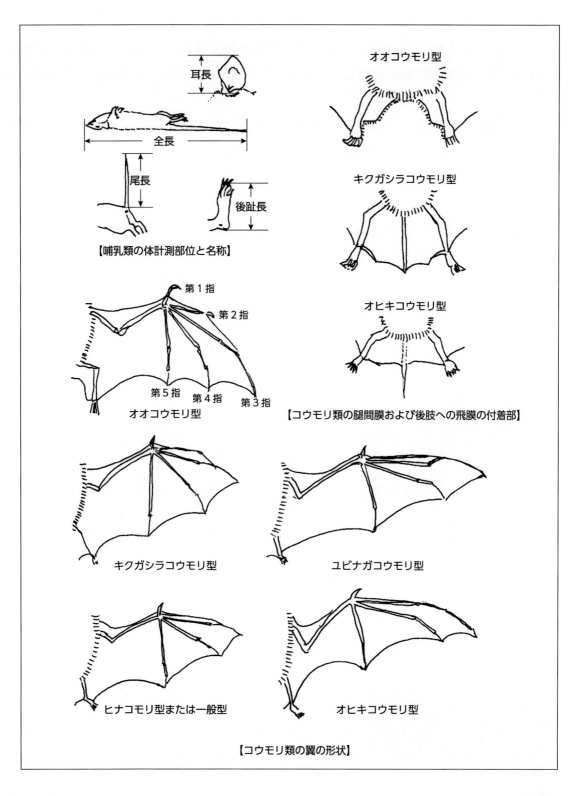

2. 鳥類（留鳥及び夏鳥の繁殖鳥）

　鳥類は、年間を通して生息する留鳥と季節的な移動の渡り鳥・旅鳥・迷鳥など複雑多岐にわたります。留鳥及び夏鳥の繁殖鳥ではカイツブリ目1種、コウノトリ目2種、タカ目2種、キジ目1種（移入）、ツル目4種、チドリ目2種、ハト目3種、フクロウ目2種、ブッポウソウ目2種、キツツキ目2種、スズメ目14種の合計38種があり、その内訳は、希少種14種、普通種24種で、重要種の比率は37%を占めています。

　生物の分類体系において種より下位におかれる階級の一つに、固有の特徴をもつ地理的な亜種があります。同種内の亜種の分布は、繁殖期には重なり合わないが、越冬期には一部重なる場合があります。亜種では、外形や色彩で識別可能なものと出来ないものとがあり、詳細な亜種の検索には同定の技術的問題が残ります。

　日本鳥学会は、2012年に日本鳥類目録改訂第7版として日本鳥類目録の内容を第6版から大きく変更しています。ここでの分類記載は第7版に準拠しました。

【種名】カイツブリ　*Podiceps ruficollis poggei*（Reichenow , 1902）
【分類】カイツブリ目　カイツブリ科　カイツブリ
【分布】奄美大島　徳之島　（冬鳥・・・喜界島　沖永良部島　与論島）
【形態】全長26cm前後のカイツブリ類中最小。体型はコガモやバンに似る。翼に白色部が無い。夏羽では顔から首の上部は赤褐色、嘴の根元に黄白色の部分がある。目は黄色。
【生態】主に平地の池・沼に生息。潜水の得意な魚食鳥。水棲昆虫も食べる。繁殖期にはつがいで生活し、縄張りを持つ。カイツブリの巣は「鳰（にお）の浮巣」として知られている。

【種名】リュウキュウヨシゴイ　*Ixobrychus cinnamomeus*（Gmelin , 1789）
【分類】ペリカン目　サギ科　リュウキュウヨシゴイ
【分布】奄美大島　徳之島　沖永良部島　与論島
【形態】全長40cm。雄は上面がすべて赤褐色で、下面は少し淡く一本の縦線がある。雌の上面は暗赤褐色で黄白色の斑点があり、下面はバフ色で縦斑が数本ある。
【生態】池や沼などのアシ・マコモ・ガマの抽水植物の茂った湿地に生息する。産卵期は5〜8月、卵数は5〜6個、抱卵日数は17〜19日位。外敵に対し、嘴を上げ動かない（擬態）。

【種名】クロサギ　*Egretta sacra sacra*（Gmelin , 1789）
【分類】ペリカン目　サギ科　クロサギ
【分布】奄美大島　徳之島　喜界島　沖永良部島　与論島
【形態】全長62.5cm。嘴は太く長く、足は比較的短い中形のサギ。黒色型と白色型とがある。体型はコサギに似て同大。嘴は黒褐色または黄褐色、目先は灰黒色または緑褐色。
【生態】サンゴ礁の海岸に単独もしくはつがいで生活し、水際を歩きながら、魚やカニなどの餌を探す。産卵期は4〜8月、卵数は3〜5個である。ほとんど鳴かない鳥である。

第4章　奄美群島の野生動物図鑑

- 【種名】ミサゴ　*Pandion haliaetus haliaetus*（Linnaeus, 1758）
- 【分類】タカ目　ミサゴ科　ミサゴ
- 【分布】奄美大島　徳之島　喜界島　沖永良部島　与論島
- 【形態】全長はオス54cm・メス64cm。翼開長155～175cm、翼は細長くて尾は短い。頭部は白くて過眼線が黒く、体の上面は黒褐色。体の下面は白くて胸に黒褐色の帯がある。
- 【生態】海岸や河川に棲み、水面上を飛び餌の魚を探す。獲物を見つけると停空飛翔でねらいをつけ、水に突っ込む。産卵期は4月頃、2～3個を産む。孵化日数は35日位。

- 【種名】亜種リュウキュウツミ　*Accipiter guiaris iwasakii* Mishima, 1962
- 【分類】タカ目　タカ科　ツミ
- 【分布】奄美大島　徳之島　喜界島　沖永良部島　与論島
- 【形態】全長はオス27cm・メス30cm。翼開長は51～63cm。体型はハイタカに似るが小さい。オスの上面は暗青灰色、下面は白、脇は黄赤褐色で目は暗紅色。メスの目は黄色。
- 【生態】主に平地の林に棲み、小鳥を捕食する。リュウキュウマツやモクマオウの枝に枯れ枝を積み重ねて皿形の巣を造る。4～6月にかけ3～5個を産み、孵化日数は30日位。

- 【種名】キジ　*Phasianus colchicus* Linnaeus, 1758
- 【分類】キジ目　キジ科　キジ
- 【分布】奄美大島　徳之島　喜界島　沖永良部島　与論島　（狩猟鳥として移入）
- 【形態】全長はオス80cm・メス60cm。オスの尾は長い。オスの頭部・頸・胸・腹が緑色光沢のある黒で、顔は赤く、背は光沢のある黒、雨覆は褐色。メスはオスより小さく尾も短い。
- 【生態】平地から山地の明るい林、林縁、草原、農耕地などでみられる。巣は地面を浅く掘った簡単なもので、4～7月にかけ6～3個を産み、孵化日数は24日位。

- 【種名】亜種リュウキュウヒクイナ　*Porzana fusca phaeopyga* Stejneger, 1887
- 【分類】ツル目　クイナ科　ヒクイナ
- 【分布】奄美大島　徳之島　喜界島　沖永良部島　与論島
- 【形態】全長22.5cm前後。一見赤っぽく背の低い尾の短い鳥。前頭・頬・前頸・上腹は赤褐色で、後頸・背・翼は暗緑褐色。脇・下腹・下尾筒は白と黒の横斑。嘴は黄、足は赤。
- 【生態】沼地、川、水辺のアシ原などの湿った場所に好んで棲息し、繁殖期はつがいで、非繁殖期は単独で生活する。水辺のイネ科植物の株の中に、一般に5～9個の卵を産む。

- 【種名】シロハラクイナ　*Amaurornis phoenicurus chinensis*（Boddaert, 1783）
- 【分類】ツル目　クイナ科　シロハラクイナ
- 【分布】奄美大島　徳之島　喜界島　沖永良部島　与論島
- 【形態】全長32.5cm。頭頂から後頸・背はオリーブ色を帯びた背黒色、翼と尾は灰黒色、額・顔・胸・腹は白く、脇には黒い斑紋がある。嘴は黄緑、基部は赤い。足は黄緑色。
- 【生態】沼地、川、水辺のアシ原などの湿った場所に好んで棲息し、繁殖期には鳴きあいながら近づき、頭を伸ばし上下に倒す求愛行動がみられる。4～8個を産卵する。

141

【種名】バン　*Gallinula chioropus indica* Blyth, 1842
【分類】ツル目　クイナ科　バン
【分布】奄美大島　徳之島　喜界島　沖永良部島　与論島
【形態】全長32.5cm。体は黒いが下面は灰色味があり、背と雨覆は茶色味がある。風切は黒い。脇には白色斑があり、下尾筒の両側は白い。嘴と額板は赤く、嘴の先は黄色。
【生態】沼地、川、タイモ畑を好む。地上や浅瀬を歩いて植物の実や昆虫などを餌として食べる。繁殖期には水辺の草やアシ原などに枯れ草を積み重ねて巣を造り、5～12個の卵を産む。

【種名】ミフウズラ　*Turnix suscitator okinavensis* Phillip, 1947
【分類】チドリ目　ミフウズラ科　ミフウズラ
【分布】奄美大島　徳之島　喜界島　沖永良部島　与論島
【形態】全長14cm。メスは上面褐色で黒い黄斑。喉から上胸は黒い。胸側は黄褐色、脇は橙褐色で共に黒い斑点がある。オスはメスより小さく、色彩も鈍い。メスは派手で、オスは地味。
【生態】平地の草原やサトウキビ畑の耕作地などで見る。地上を歩きながら採餌し、昆虫や草の実や種子などを食べる。産卵期は4～9月、卵数は4個の場合が多い。

【種名】セイタカシギ　*Himantopus himantopus himantopus*（Linnaeus, 1758）
【分類】チドリ目　セイタカシギ科　セイタカシギ
【分布】奄美大島　徳之島　喜界島　沖永良部島　与論島
【形態】全長32cm前後。嘴はまっすぐで、長くて細い。足は非常に長い。嘴は黒く足は淡紅色。体の上面は緑色光沢のある黒で、残りは白い。
【生態】水辺の小動物を捕らえる。繁殖期はつがいで、水辺に近い地上に営巣し、オス、メスともに抱卵し、日数は22～26日位である。

【種名】コアジサシ　*Sterna albifrons sinensis* Gmelin, 1789
【分類】チドリ目　カモメ科　コアジサシ
【分布】奄美大島　徳之島　喜界島　沖永良部島　与論島
【形態】全長28cm。小型のアジサシ。夏羽は額が白く、頭上から後頭にかけ黒い。背と翼の上面は淡青灰色で、上尾筒、尾、体の下面は白い。嘴は黄色で先が黒く、足は橙黄色。
【生態】海岸の砂浜、埋立地、川の中洲などに巣をつくる。巣は砂礫地の地面を利用。卵数は普通2～3個、抱卵日数は19～22日位である。巣に侵入者が近付くと攻撃する。

【種名】ベニアジサシ　*Sterna dougallii bangsi* Mathews, 1912
【分類】チドリ目　カモメ科　ベニアジサシ
【分布】奄美大島　徳之島　喜界島　沖永良部島　与論島
【形態】全長31cm。夏羽では頭上が黒く、背や翼の上面は淡青灰色、上尾筒と尾は白い。嘴は先半分が黒く、基半分は深紅色で足は赤い。
【生態】小島や海岸の岩礁、砂浜にコロニーを作って営巣する。卵は砂や岩などに直接生む。産卵期は6～7月、卵数は普通2個、オス、メスともに抱卵し、抱卵日数は21日位。

第4章　奄美群島の野生動物図鑑

【種名】シロチドリ　*Charadrius alexandrines* Linnaeus , 1758
【分類】チドリ目　チドリ科　シロチドリ
【分布】奄美大島　徳之島　喜界島　沖永良部島　与論島
【形態】全長17.5cm。オスの夏羽では額から眉斑が白く、前頭と過眼線は黒く、頭頂は橙褐色、後頭と体の上面は灰褐色。飛翔時は翼の上面に白帯が出る。嘴と足は黒色。
【生態】川の下流や海岸に棲息し、繁殖期には砂礫地や砂地にコロニー状に集まって営巣する。卵数は普通3個。餌を摂るときは立ち止まってあたりの地面を注視し、ついばむ。

【種名】アマミヤマシギ　*Scolopax mira* Hartert , 1916
【分類】チドリ目　シギ科　アマミヤマシギ
【分布】奄美大島　徳之島
【形態】全長36cm。ヤマシギによく似ているが、大きくよく太った感じに見えるシギ。額は褐色で、体はオリーブ茶色を帯びている。尾は黒くて先が灰色。
【生態】夜行性で、昼間はよく茂った林や藪の中に潜み、夕方になると活動を始め湿地や農耕地などで採餌する。特にミミズを好んで食べる。月夜では活動するが闇夜ではしない。

【種名】基亜種カラスバト　*Columba janthina janthina* Temminck , 1830
【分類】ハト目　ハト科　カラスバト　（国指定天然記念物）
【分布】奄美大島　徳之島　喜界島　沖永良部島　与論島
【形態】全長40cm前後。ドバトより大きく、尾は比較的長い。体は黒色で紅紫色や緑色の金属光沢がある。メスオス同色。嘴は黒っぽく、足は赤みを帯びる。
【生態】常緑広葉樹林に生息し、単独か、数羽の小群でみられる。餌はスダジイや果肉のある木の実。産卵期は5～6月で、卵数は1個である。鳴き声から牛鳩ともよばれる。

【種名】亜種リュウキュウキジバト　*Streptopelia orientalis stimpsoni*（Stejneger , 1887）
【分類】ハト目　ハト科　キジバト
【分布】奄美大島　徳之島　喜界島　沖永良部島　与論島
【形態】全長33cm前後。体はブドウ色を帯びた灰褐色で、雨覆は黒くて赤褐色と灰色の羽縁があり、頸側には黒と青灰色の鱗状の斑がある。雌雄同色。外側尾羽は灰色で先は白い。
【生態】低地から山地の明るい林に棲息する。林床・草地・農耕地、農道などの地上を歩きながら採餌し、主に草や木の実を食べる。産卵期は4～6月が多い。卵数は2個である。

【種名】亜種リュウキュウズアカアオバト　*Sphenurus formosae permagnus*（Stejneger , 1887）
【分類】ハト目　ハト科　ズアカアオバト
【分布】奄美大島　徳之島　喜界島　沖永良部島　与論島
【形態】全長33cm前後　体は緑色で顔から前頸, 胸には黄色味があり、オスの小雨覆は少し褐色を帯びる。嘴はコバルト色。台湾産の亜種の頭部は赤色部があるが本亜種にはない。
【生態】照葉樹林に棲息し、樹上で木の実を食べる。産卵期は5月頃。卵数は2個。鳴き声が「オーワ、オーワーオ、ウオーワオ」というように鳴き、鳴き声から尺八鳩ともよばれる。

【種名】亜種リュウキュウコノハズク　*Otus scops elegans*（Cassin, 1852）
【分類】フクロウ目　フクロウ科　コノハズク
【分布】奄美大島　徳之島　沖永良部島(稀)
【形態】全長20cm前後。体色はコノハズクと同じであるが、やや濃色である。上面は灰褐色に暗褐色の斑がある。下面はやや淡い。小さな羽角を持ち、目（虹彩）は黄色。
【生態】山地の林に棲み、樹洞に営巣する。6～7月に4～5個の卵を産む。夕方から活動し、昆虫類を食べる。日暮れから早朝まで、複数の鳥が「コホッ」「コホッ」と鳴き交わす。

【種名】亜種リュウキュウアオバズク　*Ninox scutulata totogo* Momiyama, 1931
【分類】フクロウ目　フクロウ科　アオバズク
【分布】奄美大島　徳之島　沖永良部島　与論島
【形態】全長27～30.5cm前後。翼開長66～70.5cm　耳羽はなく尾羽が長い。頭部から体の上面は一様に黒褐色で尾には黒帯。目は黄色。体の下面は白地に黒褐色の太い縦斑。
【生態】平地から山地の樹洞に2～5個の卵を産む。メスが抱卵し、オスは巣穴の見える枝で見張る。餌は昆虫・カエル・小鳥等。日没後1時間、日の出前1時間が活発に活動する。

【種名】カワセミ　*Alcedo atthis bengalensis* Gmelin, 1788
【分類】ブッポウソウ目　カワセミ科　カワセミ
【分布】奄美大島　徳之島　喜界島　沖永良部島
【形態】全長17cm前後。頭が大で嘴が長い。頭上・嘴の根元から胸側まで・翼・尾は金属光沢のある緑色。背・上尾筒はコバルト色。目の下・胸から上腹は橙色。頸側・喉は白。
【生態】平地から山地の川・池・などの水辺に生息する。サンゴ礁の島では、海岸線でも現れ海水魚を捕る。水辺の土の崖に巣穴を掘る。産卵期は3～8月、4～7個の卵を産む。

【種名】亜種リュウキュウアカショウビン　*Halcyon coromanda bangsi*（Oberholser, 1915）
【分類】ブッポウソウ目　カワセミ科　アカショウビン
【分布】奄美大島　徳之島　喜界島　沖永良部島　与論島
【形態】全長27.5cm前後。体全体が鮮やかな赤褐色の美しい鳥。雌雄同色。腰に淡青色の斑がある。
【生態】常緑広葉樹林の自然林に生息する。早朝や曇った日に、澄んだ声で「キョロロロロ・・・」と鳴く。飛び方は弾丸のように直線的。赤土の崖に巣穴を掘る。

【種名】亜種オーストンオオアカゲラ　*Dendrocopos leucotos owstoni*（Ogawa, 1905）
【分類】キツツキ目　キツツキ科　オオアカゲラ　（国指定天然記念物）
【分布】奄美大島の固有亜種
【形態】全長28cm前後。体色は赤と白と黒の斑の大型のキツツキ。オオアカゲラより著しく黒みが強い。オスは頭頂部が赤く、メスは黒っぽい。脇腹は赤褐色で黒い縦斑がある。
【生態】山地の照葉樹林。単独で行動。強く鋭い声で『キョッ・キョッ』と鳴き、コッコッコッと木をつつく音で、生息の有無がわかりやすい種である。樹洞に4～5個の卵を産む。

第 4 章　奄美群島の野生動物図鑑

【種名】亜種アマミコゲラ　*Dendrocopos kixuki amamii*（Kuroda, 1922）
【分類】キツツキ目　キツツキ科　コゲラ
【分布】奄美大島　徳之島
【形態】全長15cm前後の小型のキツツキ。体の上面は黒褐色で、背と翼には白色の横斑がある。喉から胸は白く、脇から腹は褐色で濃い縦斑。オスは目の後部に赤色の小斑がある。
【生態】山地や低山の森林に生息する。幹の下の方から上の方へ移動し、幹から枝先へと順序良く移動しながら餌（虫）を探す。5～7個の卵を産み、雄雌共同で抱卵・育雛をする。

【種名】リュウキュウツバメ　*Hirundo tahitica namiyei*（Stejneger, 1887）
【分類】スズメ目　ツバメ科　リュウキュウツバメ
【分布】奄美大島　徳之島　喜界島　沖永良部島　与論島
【形態】全長13cm前後。雌雄同色。ツバメより小さく尾が短い。頭から首にかけてはツバメに似るが、喉の黒い帯が無く、腹部は灰色。下尾筒は白と黒の鱗状の斑がある。
【生態】市街地や集落で見かけ、特に牛舎や鶏舎付近が多い。住宅の軒先・牛小屋・橋の下などに巣を造る。産卵期は4～7月、卵数は4～7個、抱卵日数は20～24日程。

【種名】亜種リュウキュウサンショウクイ　*Pericrocotus divaricatus tegimae* Stejneger, 1887
【分類】スズメ目　サンショウクイ科　サンショウクイ
【分布】奄美大島　徳之島
【形態】全長20cm前後。体は細く尾は長め、嘴の先が少しかぎ状に曲がる。オスでは額が白く、頭頂から後頸と過眼線は黒い。背から腰は灰色で中央尾羽が黒くて外側尾羽は白い。
【生態】平地の照葉樹林に棲息し、高い木のあるところを好む。樹上の枝先に止まり、地上に下りることは無い。昆虫やクモを食べる。産卵期は5～6月、卵数は4～5個である。

【種名】亜種アマミヒヨドリ　*Hypsipetes amaurotis ogawae* Hartert, 1907
【分類】スズメ目　ヒヨドリ科　ヒヨドリ
【分布】奄美大島　徳之島　喜界島　沖永良部島　与論島
【形態】全長27.5cm。スズメよりずっと大きく、尾は長め。体は灰褐色で頭上は青灰色味が強く、耳羽は褐色。雌雄同色。体型は基亜種ヒヨドリより小型である。
【生態】平地の集落から山地の森林まで棲息し、低木の藪地に営巣する。産卵期は5～6月、卵数は4～5個。繁殖期はコガネムシなどの大型昆虫、秋冬は木の実（液果）を食べる。

【種名】アカヒゲ　*Erithacus komadori*（Temminck, 1835）
【分類】スズメ目　ヒタキ科　アカヒゲ　（国指定天然記念物）
【分布】奄美大島　徳之島
【形態】全長14cm前後。オスは上面全体が濃い赤褐色、顔から喉にかけ黒く、腹面は白色。メスは上面がオスより薄い赤褐色で、喉から胸の黒い部分はなく、下面は灰色と白との斑模様。
【生態】亜熱帯性の常緑広葉樹林に生息する。地上や低い枝を跳ね歩きながら、昆虫やクモを食べる。樹洞や崖の窪みなどに営巣する。産卵期は4～6月、卵数は3～5個。

【種名】イソヒヨドリ　Monticola solitaries philippensis（Muller，1776）
【分類】スズメ目　ヒタキ科　イソヒヨドリ
【分布】奄美大島　徳之島　喜界島　沖永良部島　与論島
【形態】全長25.5cm前後。オスは頭部や背・喉から上胸部が暗青色で腹部は赤褐色。翼や尾は黒っぽい。メスは頭部・喉・背は暗灰色、下面は全体が暗褐色の鱗状の模様をしている。
【生態】生活場所は海岸であるが、奄美群島では島の奥地まで見かける。繁殖期には岩の隙間に枯草などで椀型の巣を造る。産卵期は3～6月、卵数は5～6個。青い美しい卵。

【種名】亜種オオトラツグミ　Zoothera dauma major（Ogawa, 1905）
【分類】スズメ目　ヒタキ科　トラツグミ　（国指定天然記念物）
【分布】奄美大島の固有亜種
【形態】全長はオスが32.5cm前後。メスは26.5cm前後。雌雄同色。体は黄褐色の地に黒色の三日月形の斑をなしている。全身が鱗状の虎模様に似ているのでトラツグミの名が付いた。
【生態】亜熱帯性の常緑広葉樹林に生息。地上付近で主に行動しミミズなどを食べる。早朝からさえずる。木の枝の上に蘚類や枯れ枝を集めて椀型の巣を造る。生態は分かっていない。

【種名】亜種リュウキュウウグイス　Cettia diphone riukiuensis（Kuroda，1925）
【分類】スズメ目　ウグイス科　ウグイス
【分布】沖永良部島・与論島・喜界島では亜種リュウキュウウグイスとダイトウウグイスが混棲する。奄美大島と徳之島では繁殖が確認されていない（奄美野鳥の会：1997）。
【形態】全長15cm前後。オスはやや大きい。雌雄同色。体色・体形はウグイスに似るが、体の上面は暗灰オリーブ色（ウグイスはオリーブ褐色）といわれている。
【生態】森林山地から集落付近まで棲息する。現在、複数の亜種が混在しているようであり、詳細な研究が進みつつある。繁殖期の生息環境の条件は、ササ藪が必要になる。

【種名】セッカ　Cisticola juncidis（Rafinesque, 1810）
【分類】スズメ目　セッカ科　セッカ
【分布】奄美大島　徳之島　喜界島　沖永良部島　与論島
【形態】全長12.5cm前後。雌雄同色。冬羽は背面黄褐色で黒色小縦斑がある。下面は淡色。尾は比較的長く、先端は白い。夏羽は頭や背面とも黒っぽくなり、尾に赤みが出る。
【生態】低地の草原や耕作地で多い。草むらを移動しながら昆虫など捕らえる。繁殖期の雄はさえずり飛翔を繰り返し、縄張り宣言をする。産卵期は5～8月、卵数は4～6個。

【種名】亜種アマミヤマガラ　Poecile varius amamii　（Kuroda，1922）
【分類】スズメ目　シジュウカラ科　ヤマガラ
【分布】奄美大島　徳之島
【形態】全長14cm前後。スズメ大の鳥。雌雄同色。額・頬はクリーム色。体の上面は褐色を帯びた暗い灰色。体の下面は基亜種ヤマガラより濃い栗色である。
【生態】常緑広葉樹林を好み、枝を移動しながら蛾などを食べる。秋冬には木の実もよく食べる。樹洞に蘚類を運び込み椀型の巣を作る。産卵期は3～6月、卵数は3～8個。

第 4 章　奄美群島の野生動物図鑑

【種名】亜種アマミシジュウカラ　*Parus minor amamiensis* Kleinschmidt, 1922
【分類】スズメ目　シジュウカラ科　シジュウカラ
【分布】奄美大島　徳之島
【形態】全長14.5cm。亜種シジュウカラよりやや小型。雌雄同色。頭と喉は黒く、頬は大きく白色で目立つ。背面は青灰色。腹は白地に喉から続く黒帯が中央を縦に走る。
【生態】常緑広葉樹林を好み、枝を移動しながら蛾などを探し食べる。秋冬には木の実も食べる。樹洞に蘚類を大量に運び込み椀型の巣を作る。産卵期は4〜7月、卵数は7〜10個。

【種名】亜種リュウキュウメジロ　*Zosterops japonicus loochooensis* Tristram, 1889
【分類】スズメ目　メジロ科　メジロ
【分布】奄美大島　徳之島　喜界島　沖永良部島　与論島
【形態】全長11.5cm前後。雌雄同色。体色は基亜種メジロに似るが、体側は薄いクリーム色〜白である（メジロは淡褐色）。目の周囲のはっきりした白色の輪が特徴である。
【生態】特に常緑広葉樹林を好む。小枝から小枝へと活発に動き、クモや昆虫を捕らえ食べる。秋冬には木の実やヤブツバキ等の花蜜も吸う。産卵期は5〜6月、卵数は4〜5個。

【種名】スズメ　*Passer montanus* (Linnaeus, 1758)
【分類】スズメ目　スズメ科　スズメ
【分布】奄美大島　徳之島　喜界島　沖永良部島　与論島（生息の見られない年もある）
【形態】全長14.5cm前後。頭上は紫褐色、背は褐色で黒い縦斑がある。翼には細い2本の白帯。顔は白く耳羽と腮は黒い。雌雄同色。幼鳥は全体に色が淡く、頬の黒斑は不明瞭。
【生態】人間生活との結びつきが極めて強い鳥、人里付近だけで見られ、人家の屋根や壁の隙間に好んで営巣する。産卵期は2〜9月、卵数は4〜8個、抱卵日数は12〜14日位。

【種名】ルリカケス　*Garrulus lidthi* Bonaparte, 1850
【分類】スズメ目　カラス科　ルリカケス　（国指定天然記念物）
【分布】奄美大島の固有種
【形態】全長 38 cm前後。カケスより大きく尾が長い。頭部・喉・上胸・翼・尾は青紫色（瑠璃色）で翼と尾の先に白斑。背・腰・下胸・腹・下尾筒は赤栗色。嘴は太くて青白色。
【生態】常緑広葉樹が林床を覆うような亜熱帯林に生息する。繁殖期にはつがいで生活し、樹洞や岩棚などに枯れた小枝を集めて椀型の巣を作る。産卵期は2〜5月、卵数は3〜4個。

【種名】亜種リュウキュウハシブトガラス　*Corvus macrorhynchos connectens* Stresemann, 1916
【分類】スズメ目　カラス科　ハシブトガラス
【分布】奄美大島　徳之島(生息の無い年が過去にある)　喜界島　沖永良部島　与論島
【形態】全長47.5cm前後。基亜種ハシブトガラス（全長56.5cm）より小さい。額は出っ張り、嘴は太くて湾曲している。全身が青色光沢のある黒色である。
【生態】奄美群島の島全域に生活する鳥で、雑食性。繁殖期はつがいで生活し縄張りを持つ。非繁殖期には数羽〜数十羽の群で生活する。産卵期は3〜6月、卵数は3〜5個。

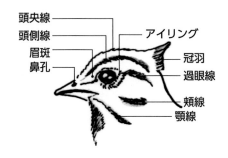

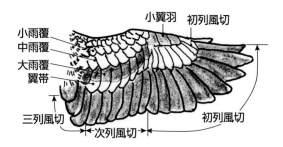

【鳥類の部位計測位置と各部の名称】

第4章 奄美群島の野生動物図鑑

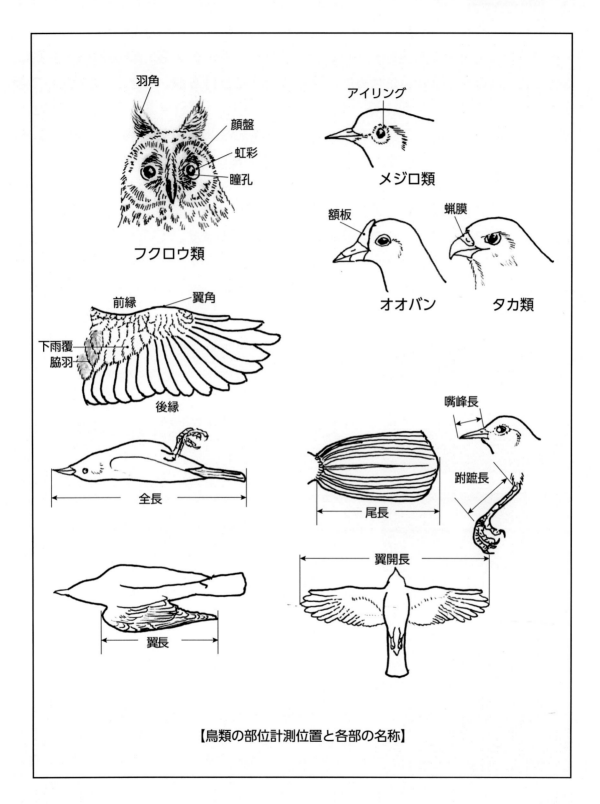

【鳥類の部位計測位置と各部の名称】

3. 爬虫類

　奄美群島に生息する爬虫類相では、カメ目ウミガメ科の 2 種（奄美群島は重要な産卵地であり、陸生ではないが含めた）、トカゲ目ヤモリ科 6 種、キノボリトカゲ科 1 種、トカゲ科 3 種、カナヘビ科 1 種、メクラヘビ科 1 種、ヘビ科 4 種、コブラ科 2 種、クサリヘビ科 3 種の合計 23 種であり、その内訳は、希少種 11 種（特に学術的に重要な天然記念物には和名の後に明記）、普通種 12 種であり、48％が重要種です。

　人間とのかかわりでみると、人間が非意図的に根や土と共に移入される汎世界的分布のみられるメクラヘビ（植木鉢蛇とも呼ばれる）、流木等の漂着物により生体や卵の状態で海流（黒潮）によって分布を広げるトカゲ類があります。

　ヤモリ科では、ミナミヤモリ、ホオグロヤモリ、タシロヤモリ、オビトカゲモドキの4 種以外にアマミヤモリとオンナダケヤモリがいますが、筆者の資料・整理不足のため、ここでは欠落しています。

【種名】アオウミガメ　*Chelonia mydas*（Linnaeus, 1758）
【分類】カメ目　ウミガメ科　アオウミガメ
【分布】日本近海　（奄美諸島は産卵地であり最重要のため陸生でないが含む）
【形態】甲長は普通1m以下。背甲は青っぽい灰褐色ないし暗褐色。オスの尾は太く長い、メスの尾は細く短い。アカウミガメと比べ頭が小さい。肋甲板は4対。
【生態】産卵期は、4月下旬〜8月中旬まで。一産卵シーズン中に、夜間、複数回上陸し産卵する。幼体の時は雑食性で無脊椎動物を食べるが、成体は海藻類や海草類の植食性。

【種名】アカウミガメ　*Caretta caretta*（Linnaeus, 1758）
【分類】カメ目　ウミガメ科　アカウミガメ
【分布】日本近海　（奄美諸島は産卵地であり最重要のため陸生でないが含む）
【形態】頭部は丸く大きい。背甲は赤褐色。甲長は70㎝から1m、カメの背甲の中央にある鱗板を椎甲板、その左右にあるのを肋甲板という。肋甲板が普通5対ある。
【生態】産卵期は、5月初旬〜8月下旬。一産卵シーズン中に、複数回上陸し、砂に60㎝前後の深さの穴を掘り、70〜200個ほどの卵を産む。食性は甲殻類・軟体動物の肉食性。

【種名】ミナミヤモリ　*Gekko hokouensis* Pope, 1928
【分類】トカゲ目　ヤモリ科　ヤモリ属　ミナミヤモリ
【分布】奄美大島　徳之島　喜界島　沖永良部島　与論島
【形態】全長10㎝〜20㎝前後。背面は暗褐色から灰褐色、体色は環境に合わせる保護色のため同定の基準にはならない。足裏のヒダ（指下薄板）の中央が二分していない。
【生態】山林・畑地・荒地の藪から集落の周りまで棲息。雨のかからない場所に見る。卵は、年に1〜2回、樹皮の隙間や岩の割れ目の隙間に2〜3個産卵する。食性は昆虫食。

第4章　奄美群島の野生動物図鑑

【種名】ホオグロヤモリ　*Hemidactylus frenatus* Dumeril et bibron, 1836
【分類】トカゲ目　ヤモリ科　ナキヤモリ属　ホオグロヤモリ
【分布】奄美大島　徳之島　喜界島　沖永良部島　与論島
【形態】全長9cm～11cm前後。体色は灰色～褐色まで。尾は全長の半分で、尾の背面には円錐形の鱗が6個ぐらいずつ横に並び、多数の突起環を形成。指下薄板は二分している。
【生態】日が暮れ電灯をつけるころになると街灯の下などに出てきて餌（昆虫）を採る。甲高い"笑い声"に似た声で鳴きたてる。出現数は気温に関係し、寒い季節になると姿を見せない。

【種名】タシロヤモリ　*Hemidactylus bowringii*（Gray , 1845）
【分類】トカゲ目　ヤモリ科　ナキヤモリ属　タシロヤモリ
【分布】奄美大島
【形態】全長10cm前後。ホオグロヤモリと同じナキヤモリ属に似る。尾に突起環のないこと、体の鱗がほぼ同じ大きさで、大型の粒状鱗が混じっていないことにより区別できる。
【生態】夜になると昆虫を食べるために電灯に集まる。ナキヤモリ属に分類されているが、声は低く、あまり声を聞くことはない。

【種名】亜種オビトカゲモドキ　*Goniurosaurus splendens* Nakamura et Ueno , 1959
【分類】トカゲ目　ヤモリ科　クロイワトカゲモドキ（鹿児島県指定天然記念物）
【分布】徳之島の固有種
【形態】頭胴長6.5～8cm前後、尾が切れやすく再生尾が多い。幼体、成体共に頭部に一本、背面に3本の横帯がある。横帯は桃色あるいは橙褐色である。
【生態】生息地は山地の森林、渓流の岩場、石灰洞。産卵期は6月～7月で、一回の産卵数は2個。夜行性で昆虫食。総排泄腔の後ろの膨らみ大（オス）、なし（メス）で雌雄鑑別する。

【種名】亜種オキナワキノボリトカゲ　*Japalura polygonata polygonata*（Hallowell , 1860）
【分類】トカゲ目　キノボリトカゲ科　キノボリトカゲ
【分布】奄美大島　徳之島　喜界島　沖永良部島　与論島
【形態】尾が非常に長く、体長の半分以上を占める。頭胴長はオスで7～8cm前後、メス6～7cm前後。全身鱗に覆われている。背面の体色は鮮明な緑～褐色まで変化（擬態）する。
【生態】森林内に生息する。稀に民家の庭木でもみかける。夏に1～4個の卵を産む。昆虫食で特にセミが好物。動作は機敏で、樹幹を螺旋状に逃げ隠れしながら逃げ去る。

【種名】バーバートカゲ　*Plestiodon barbouri* van Denburgh , 1912
【分類】トカゲ目　トカゲ科　バーバートカゲ
【分布】奄美大島　徳之島
【形態】全長16cm前後、18cmに達するものもある。体色や斑紋は本土のニホントカゲに似る。同属のトカゲの幼体は鮮やかな色の尾が特徴であるが、本種は成体でも残る。
【生態】原生林のシイ・タブを中心とする森林地帯に生息し、平地性のオオシマトカゲとの間に棲み分けが成立しているといわれる。主にクモ類を食べている。

【種名】オオシマトカゲ　*Plestiodon oshimensis* Thompson , 1912
【分類】トカゲ目　トカゲ科　オオシマトカゲ
【分布】奄美大島　徳之島　喜界島　沖永良部島　与論島
【形態】全長20cm前後に達する個体もある。幼体は背面の縦条のうち、背中寄りの3本は、尾の基部より1/3程度まで伸び、本土のニホントカゲに似る。成体オスの顎は張る。
【生態】低地の開けた環境を好んで生息する。人家周辺でも見られる。昼行性で、昆虫や土壌虫（ミミズ等）を食べる。繁殖期のオスの体側面に橙色の斑紋（婚姻色）が現れる。

【種名】ヘリグロヒメトカゲ　*Ateuchosaurus pellopleurus*（Hallowell, 1860）
【分類】トカゲ目　トカゲ科　ヘリグロヒメトカゲ
【分布】奄美大島　徳之島　喜界島　沖永良部島　与論島
【形態】全長12cm前後の小型のトカゲ。体色は赤褐色で多数の斑点があり、皮膚はスベスベした感じがある。体側には黒褐色の縦帯が明らかで、特徴となる。足が著しく短い。
【生態】平地でも山地でも生息し、湿った環境を好む。昼間、落ち葉に潜む昆虫や小動物を餌にしている。割合簡単に捕獲できる小型で無抵抗の可愛いトカゲである。

【種名】アオカナヘビ　*Takydromus smaragdinus* Boulenger , 1887
【分類】トカゲ目　カナヘビ科　アオカナヘビ
【分布】奄美大島　徳之島　喜界島　沖永良部島　与論島
【形態】全長20～25cm前後。尾は全長の3/4を占める。雌雄の体色に違いがあり、メスは背側面が黄緑色、腹面は白っぽい淡黄色を帯びる。オスは白線上に太い茶色の縦線がある。
【生態】仲間同士のテリトリーはなく、同じ場所に何匹も見ることがある。生まれた翌年の初春～初秋に一回に2卵前後、数回産卵する。夜は地表を避け草の葉などで眠る。

【種名】メクラヘビ　*Ramphotyphlops braminus*（Daudin, 1803）
【分類】トカゲ目　メクラヘビ科　メクラヘビ
【分布】奄美大島　徳之島　喜界島　沖永良部島　与論島
【形態】日本のヘビでは最小で、全長15～18cm前後。ミミズのような体色と形態をしている。体は円筒状で鱗に覆われている。舌をペロペロ出す、尾は頭部に似る。尾長指数2。
【生態】地中性で、軟らかい土や堆肥などに穴を掘って暮らす。移動は蛇行し、土に潜り込み逃げる。餌は、微小昆虫やトビムシなどの土壌動物であり、植木鉢蛇の別名がある。

【種名】アマミタカチホヘビ　*Achalinus werneri* van Denburgh , 1912
【分類】トカゲ目　ヘビ科　アマミタカチホヘビ
【分布】奄美大島　徳之島
【形態】全長20～55cm前後の小型のヘビ。頭部の色が淡く、側面の黄色っぽさが目立つ。ビーズのような鱗に真珠光沢があり美しい。尾下板（尾の腹板の鱗）が単一に並ぶ。
【生態】暗く湿った森林中に棲み、落ち葉や朽木の下の腐植質の土の中にいる。乾燥に弱く、落葉落枝や地中に潜り、ミミズなどを食べている。2～4個の卵を産む。

第 4 章　奄美群島の野生動物図鑑

- 【種名】リュウキュウアオヘビ　*Opheodrys semicarinatus*（Hallowell, 1860）
- 【分類】トカゲ目　ヘビ科　リュウキュウアオヘビ
- 【分布】奄美大島　徳之島　喜界島　沖永良部島　与論島
- 【形態】60～110cm前後の中型ヘビ。体色は鮮緑色から褐色を帯びたものまで、2～4本の縦条が有るもの、無いものと個体変異がある。緑色の体色は保護色の役目をしている。
- 【生態】平地でも山地でも生息し、昼行性の、最も多いヘビである。カエルやミミズを食べる蛇で、性質は大変おとなしい。眠るときは、地上15cmほどの生枝や枯れ枝に身を預ける。

- 【種名】アカマタ　*Dinodon semicarinatus*（Cope, 1860）
- 【分類】トカゲ目　ヘビ科　アカマタ
- 【分布】奄美大島　徳之島　沖永良部島　与論島
- 【形態】全長80～200cm前後の大型ヘビ。背面は赤褐色で大きな黒斑の列を備え、腹面は黄白色の美しいヘビ。体色は赤褐色で多数の斑点が50～70個ある。
- 【生態】森林から集落付近にも見られ、猛毒蛇ハブを食べる蛇として知られる。体臭は悪臭。夜行性で、地上で活動し、餌の範囲は、ヘビ・トカゲ類・カエル・鳥などである。

- 【種名】亜種ガラスヒバァ　*Natrix pryeri pryeri*（Boulenger, 1887）
- 【分類】トカゲ目　ヘビ科　ガラスヒバァ
- 【分布】奄美大島　徳之島　喜界島　沖永良部島　与論島
- 【形態】全長75～110cm前後の中型のヘビ。背面はやや緑がかった黒褐色に黄色の細い横帯がある。尾が長く細い。尾長指数（体長に対する尾の長さ）は31で奄美産のヘビで最長。
- 【生態】平地～山地まで生息し、池沼・谷川・水田付近に見る。昼行性。よく泳ぎ、小型のカエルを食す。観察で尾の先を固定した時、体をグルグル回転させ尾を自切して逃亡した。

- 【種名】亜種ヒャン　*Calliophis japonicas japonicas* Gunther, 1868
- 【分類】トカゲ目　コブラ科　ヒャン
- 【分布】奄美大島の固有亜種
- 【形態】全長30～60cm前後の小型のヘビで、日本に生息する美しいコブラの一種。胴体は円形で尾付近は円錐状に尖る。背面はオレンジ色か黄色で、幅の広い暗色横帯がある。
- 【生態】平地でも山地でも生息する。乾燥する場所には見られない。餌は小型の爬虫類。中枢神経毒を持つヘビ。捕獲すると、尾の先端で刺すような行動をとる。

- 【種名】亜種ハイ　*Calliophis japonicas boettgeri* Fritze, 1894
- 【分類】トカゲ目　コブラ科　ヒャン
- 【分布】徳之島の固有亜種
- 【形態】全長33～55cm前後の小型のコブラの一種。ヒャンと同一種であるが背面はオレンジ色、腹面は黄白色、3～5本の黒い縦条。胴体は円形で尾付近は円錐状に尖る。
- 【生態】平地でも山地でも生息する。乾燥する場所には見られない。餌は小型の爬虫類。中枢神経毒を持つヘビ。捕獲すると、尾の先端で刺すような行動をとる。

- 【種名】ヒメハブ　*Trimeresurus okinavensis* Boulenger，1892
- 【分類】トカゲ目　クサリヘビ科　ヒメハブ
- 【分布】奄美大島　徳之島
- 【形態】全長30～80cm前後。ニホンマムシに似る。背面は黄褐色、灰褐色、赤褐色、暗褐色と変異がある。腹面は暗褐色の斑点が散在する。頭は三角形で口先は平たく突出する。
- 【生態】山地森林の湿った場所や水辺に多く、特に渓流沿いで見かける。餌は哺乳類・鳥類・爬虫類・両生類と幅が広い。ハブ毒ほど強くないが咬傷事故には注意が必要。

- 【種名】基亜種ハブ　*Protobothrops flavoviridis*（Hallowell, 1860）
- 【分類】トカゲ目　クサリヘビ科　ハブ
- 【分布】奄美大島　徳之島
- 【形態】全長100～220cm前後。体色によって金ハブ、銀ハブとよばれ、徳之島には黒色のハブもいる。背面は黄褐色で暗褐色の不規則な鎖状の独特の斑紋がある。最強の毒蛇。
- 【生態】山地にも平地にも生息し、海岸の岩場にも姿を現す。夜行性となっているが昼間でも活動する。普通、奄美大島は地上、徳之島は樹上が多い。主な餌はネズミ類や小鳥。

- 【種名】亜種トカラハブ　*Protobothrops tokarensis* Nagai，1928
- 【分類】トカゲ目　クサリヘビ科　ハブ
- 【分布】トカラ列島宝島・小宝島　（動物地理学的に奄美群島に所属するため含めた）
- 【形態】全長60～150cm前後。体型は概して細長い。ハブに似る。体鱗列数（胴中央部での一回りの小鱗の数）が本種31列、ハブ35列で区別する。体色は黒化型と白化型がある。
- 【生態】人家の付近などでも見られ、地上にも樹上にもその姿を見る。餌はネズミ・トカゲ・カエル・小鳥を食べる。繁殖期は7～8月頃、石灰岩の洞穴などに2～7個卵を産む。

ハブとケナガネズミ　ヘビ類は顎関節をはずして大きな獲物を丸呑みする　　　　撮影　森田 秀一

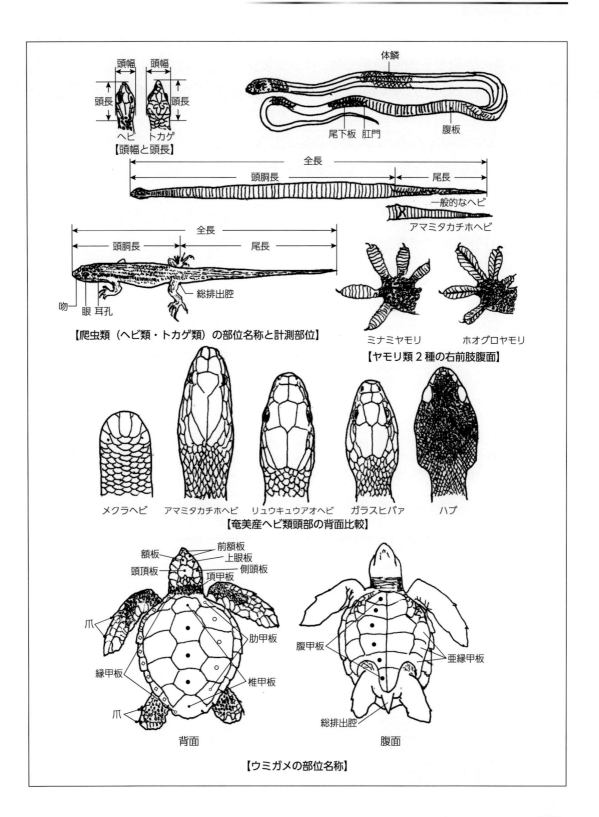

4. 両生類

　奄美群島に生息する両生類相では、サンショウウオ目（有尾目）2種、カエル目（無尾目）10種、合計12種です。その内訳は、希少種6種（特に学術的に重要な天然記念物には和名の後に明記）、普通種6種であり、50％を重要種が占めています。

　人間とのかかわりでみると、人間が意図的に移入し現在では特定外来種に指定されている北アメリカ原産のウシガエルが含まれます。

　移動能力の面で考えられるものに、繁殖習性から口の小さい瓶や壺の中にも産卵するリュウキュウカジカガエルやジムグリガエルが卵やオタマジャクシの状態で海流（黒潮）の助けを借り分布を広げることがわかっています。

【種名】イボイモリ *Echinotriton andersoni*（Boulenger , 1892）
【分類】サンショウウオ目　イモリ科　イボイモリ（鹿児島県指定天然記念物）
【分布】奄美大島　徳之島
【形態】全長15cm前後、全身黒褐色でイボがあり、肛門のまわり、手足の裏、尾の最下面は鮮やかなオレンジ色。大きな肋骨が張り、背中に木の葉を乗せたように見える。
【生態】夜行性で、昼間は落葉落枝や石の下に潜む。両生類と爬虫類と中間型の特性を示し、殻の無い卵を水際の地表に産み。孵化後自力で水中に入り、変態後は水中に入らない。

【種名】亜種シリケンイモリ *Cynops ensicauda*（Hallowell , 1861）
【分類】サンショウウオ目　イモリ科　イモリ
【分布】奄美大島
【形態】全長オス11cm前後、メス14cm前後。背面は暗褐色から灰褐色と色彩変異がみられ、縦縞のある個体もある。腹面の基色はオレンジ色で、斑紋は個体間の変異が大きい。
【生態】低地の海岸線に近い集落の周りから、湯湾岳山頂に近い水溜まりまで広範囲に生息している。水田や池、林道の水溜まりで多数みることができる。徳之島では見ない。

【種名】ハロウェルアマガエル　*Hyia hallowellii* Thompson, 1912
【分類】カエル目　アマガエル科　ハロウェルアマガエル
【分布】奄美大島　徳之島　喜界島　沖永良部島　与論島
【形態】体長4cm前後、本土産のアマガエルより体は細く、頭は小さい。背面は一様に緑色から暗緑色で、また、アマガエルに見られるような褐色の模様は現れない。
【生態】湿地や川の近くに多いが、民家の近くの樹木や草むらでも見られる。長期にわたり雨が無いときなど、イトバショウやクワズイモの葉柄などの付け根に潜り込んでいる。

第4章　奄美群島の野生動物図鑑

【種名】アマミアカガエル　*Rana kobai* Matsui, 2011
【分類】カエル目　アカガエル科　アマミアカガエル
【分布】奄美大島　徳之島
【形態】体長3.5～4.5cm前後、メスはやや大。鼻・眼・鼓膜にかけて三日月型の黒斑、上唇の上半分が白い、首の付け根のV字形の黒半、腿の横縞の上に低い隆起がある。
【生態】産卵期は冬期で12～1月。水量の少ない沢や溝などに産卵する。100～200個ほどの卵を石などに付着させるようにして産み付ける。

【種名】ヌマガエル　*Rana limnocharis* Wiegmann, 1835
【分類】カエル目　アカガエル科　ヌマガエル
【分布】奄美大島　徳之島　喜界島　沖永良部島　与論島
【形態】体長3.5～5.5cm前後。地域によりかなり変異があり、皮膚は比較的滑らかで、不規則な緑がかった斑紋がある個体も見る。腹面は白い。大きな声嚢がある。
【生態】平地の水田・池・沼などの水辺で普通にみられ、低地の海岸線に近い集落の周りでケレレレ、ケレレレレと大合唱をする。産卵は早朝、太陽が輝き始める頃に行われる。

【種名】ウシガエル　*Rana catesbeiana* Shaw, 1802
【分類】カエル目　アカガエル科　ウシガエル　（米国より食用として移入。外来種）
【分布】奄美大島の与路島、徳之島、沖永良部島でみる。
【形態】巨大なカエルで、最大のものは体長20cmに達する。普通は10～15cmぐらい。食用ガエルの名でも知られる。背側線が無く、鼓膜が著しく大きい。
【生態】主として5～6月頃に産卵する。繁殖期にはオスはテリトリーを持ち、一定の場所を防衛して、その中で鳴く。鳴き声が牛に似るためウシガエルの名がある。卵塊は、水面にべったり広がって浮く特徴がある。

【種名】アマミハナサキガエル　*Odorrana amamiensis*（Matsui, 1994）
【分類】カエル目　アカガエル科　アマミハナサキガエル　（鹿児島県指定天然記念物）
【分布】奄美大島　徳之島
【形態】全長オス5.6～6.9cm前後、メス7.5～10cm前後。後肢が長くジャンプ力が強い。背面の色は、緑色・褐色タイプがあり、体色・斑紋による同定は避ける。
【生態】棲息は主に山地渓流だが平地近くでも見られる。木にも登る。夜行性。繁殖期は12月下旬頃で、産卵場所は大小の滝や急流により水しぶきの出るような淵に産卵する。

【種名】アマミイシカワガエル　*Odorrana splendida* Kuramoto, Satou, Oumi, Kurabayashi et Sumida, 2011
【分類】カエル目　アカガエル科　アマミイシカワガエル　（鹿児島県指定天然記念物）
【分布】奄美大島
【形態】体長10～13cm前後。日本産のカエルの中で最も美しいカエル。背面は濃い緑色で、無数のイボがある。イボには緑色のものと黄金のしずくを落としたような斑紋もある。
【生態】原生林渓流の源流域に生息し、産卵場所は渓流で、直射日光の当たらない、水の溜まった穴や伏流水の中である。そのためか、卵や幼生はアイボリー色をしている。

【種名】オットンガエル　*Babina subaspera*（Barbour, 1908）
【分類】カエル目　アカガエル科　オットンガエル（鹿児島県指定天然記念物）
【分布】奄美大島の固有種
【形態】大型ガエルで一見ヒキガエルに見える。体長14cmを超すものもいる。背面の色は茶褐色、黒褐色のイボがある。本種の前肢には指が5本あり、第一指は鋭いとげ状。
【生態】低地の海岸線に近い集落の周りから、湯湾岳山頂に近い水溜りまで広範囲に生息している。鳴き声は「オーイ、オイ」とか「グワッ」と鳴き、中年男の太い声に聞こえる。

【種名】亜種アマミアオガエル　*Rhacophorus viridis amamiensis* Ìnger, 1947
【分類】カエル目　アオガエル科　オキナワアオガエル
【分布】奄美大島　徳之島
【形態】体長5〜8cm、オスは小さくメスは大型。吸盤が発達している。背面の皮膚は滑らかで、明るい緑や暗緑色に変化するが斑紋は出ない。腹面は黄色味〜灰白色まで変異がある。
【生態】産卵期は1月下旬ごろから始まる。冬期・雨・夜の条件で路上に出現する。卵塊はメレンゲ様の白い泡に包まれ、卵はクリーム色。水面に張出た木の枝や草に産み付ける。

【種名】リュウキュウカジカガエル　*Buergeria japonica*（Hallowell, 1860）
【分類】カエル目　アオガエル科　リュウキュウカジカガエル
【分布】奄美大島　徳之島　喜界島　沖永良部島　与論島
【形態】体長オス2.5〜3cm前後、メス3〜3.5cm。背面の体色は斑紋の明るい茶色から、暗褐色に黒褐色の斑紋のあるものまで変異が大きい。目の上の皮膚に顆粒状のざらざらがある。
【生態】低地の海岸線に近い集落の周りから、原生林内の水溜まりまで広範囲に生息している。産卵は春先から夏までみられ、流れの無い水溜まりに1〜数卵ずつ産み付ける。

【種名】ヒメアマガエル　*Microhyla ornate*（Dumeril et Bibon, 1841）
【分類】カエル目　ジムグリガエル科　ヒメアマガエル
【分布】奄美大島　徳之島　喜界島　沖永良部島　与論島
【形態】体長3cm前後、日本産カエルで最小。頭部は小さく、背面から見ると三角形のカエルに見える。背面は褐色で、頭部〜左右後部へ、墨を流したような暗褐色の斑が特徴。
【生態】繁殖期以外は姿を見ることは少なく、土の中に潜り鳴き、ジムグリの名は「地潜る」であり、名の由縁。体は小さい割によく跳ねる。泳ぎはあまり上手ではない。

第4章 奄美群島の野生動物図鑑

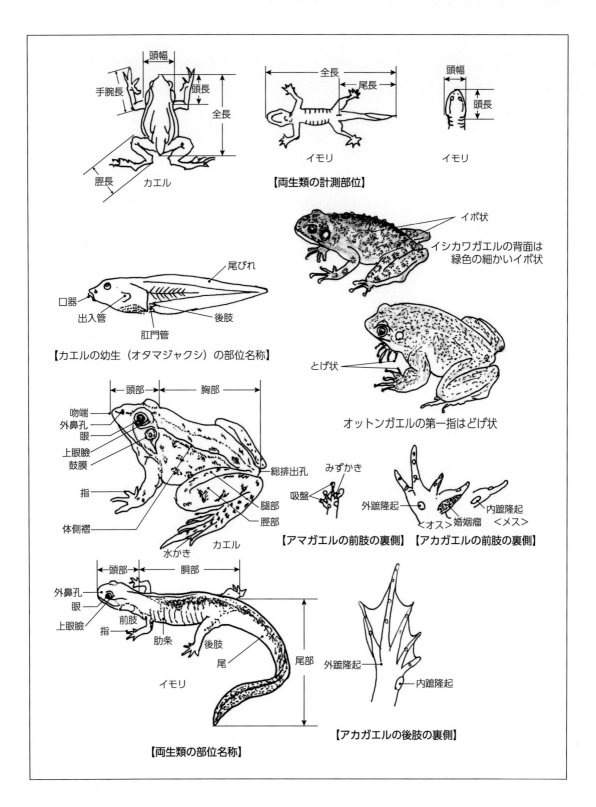

おわりに

　奄美大島・徳之島には、アマミノクロウサギやイボイモリのように太古の生きものの姿を今に伝えてくれる動物たちがいます。生きものたちは、一千万年という気の遠くなるような時間をかけて、住む場所(生息場所)を選び、食べ物(摂食)をさがし、身を守り(防御)、子孫を残す(繁殖)などして、世代を繋ぎ、現在まで生きてきました。進化の不思議さと生きものたちのたくましさを教えてくれます。これらすべてが奄美大島・徳之島の自然が生み出した宝物です。

　自然界には、ごく普通の自然から特殊な自然まであり、優劣を付けたり差別してもいけません。すべての生きものが大切です。しかし、一度失ってしまったら、再生・再現できない動植物や自然も多いのです。

　生物多様性には、遺伝子レベル・種レベル・生態系レベルの多様性があります。自然遺産に登録可能な「奄美大島・徳之島」の自然は、世界に誇る日本の宝といえます。自然遺産に登録し、その認識の基で、一般社会が生物多様性保全に努力する姿勢は尊いものといえます。

　上巻は『希少野生動物の宝庫』をテーマに、動物の話題を主にしました。第1章の奄美大島・徳之島の生い立ちにはじまり、第2章で希少動物の定義を示し、第3章では個々の希少動物の話題(トピック)で興味を持ってもらい、最後に第4章で奄美諸島の基礎部分である全島の野生動物相を紹介しました。

　下巻では『生物多様性を育む生息環境』をテーマに、希少動物を取り巻く環境を主にします。第1章は生物多様性を育む自然界の仕組みとまとまり、第2章で生物多様性を育む森林や植物群落、第3章は生物多様性を育む自然の渚、第4章は奄美群島国立公園の自然と動物たち、第5章は未来に残したい奄美の自然、と生物多様性を育む自然や環境を紹介します。下巻で、希少動物を保全する生息環境を読んでいただくことで、はじめて自然遺産の価値をさらに深く確信してもらえるものと思います。

　世界的レベルで見て、価値の高い奄美大島・徳之島の自然をこのままの状態で後世に残すには、希少な動物たちだけでなく、これらの動物たちを取り巻く有機的環境(生きている同種・異種の生物)や無機的環境(光・水・大気・土壌などの物理的・化学的要素)などの、多様な環境もセットで保全しなければなりません。そのどれもが未来につなげるべき自然の遺産なのです。

謝　辞

　終わりに臨み、懇篤なる指導を賜った、迫静雄博士（故人）、服部正策博士、大野照好博士、堀田満博士（故人）、四宮明彦博士、鈴木廣志博士、大木公彦博士、鈴木英治博士、船越公威博士に心から拝謝する。また私が奄美諸島の研究を始めた1978年から現在に至るまでのその間、終始懇篤な指導を与えて下さった福田晴夫先生、森田忠義先生、田畑満大先生、丸野勝敏先生に対し、ここに謹んで感謝の意を表する。

　本書執筆にあたっては、貴重なる文献・写真などを貸与、その他援助を賜った高槻義隆氏、田中伸一氏、城泰夫氏、鈴木敏之氏、宅間友則氏、中村麻理子氏、新納忠人氏、森田秀一氏、山田文彦氏、大町博之氏、千木良芳範氏、里村茂氏、後藤義仁氏にお礼を申し上げる。また、現地調査に際し同行して下さった、南竹一郎氏（故人）、義憲和氏、高槻義隆氏、半田ゆかり氏、酒匂猛氏、昇善久氏、中村正二氏に厚く感謝の意を表す。種の同定においては、各専門分野で活躍される、行田義三先生、寺田仁志先生、今吉努氏にお礼を申し上げる。

　最後に、妻イク子には資料の整理など、次女中村麻理子にはこの本の企画・構成・原稿作りなどで世話になり、多大な協力や家族の温かい励ましがあった。深く感謝の意を捧げる。なお本書の編集、刊行にあたり、南日本新聞開発センター編集出版部の皆さんに企画の段階からご助言をいただき、終始具体的な面でお世話になった。ここに記して感謝申し上げる。

参考書・引用文献（上巻）

池原貞雄(1996)：南の島々―日本の自然　地域編 8.貴重な動物たちの島．岩波書店，149pp.

IUCN「レッドリスト」2008

James Fisher ら(1969):The Red Book Wildlife in Danger Collins , 53-54pp.

城ヶ原貴通(2016)：奄美群島の自然史学―亜熱帯島嶼の生物多様性．東海大学出版部，372pp.

鹿児島県「レッドリスト」2016

木崎甲子郎・大城逸郎(1980)：琉球の自然史．築地書簡，8-37pp.

水田　拓(2016)：奄美群島の自然史学 ―亜熱帯島嶼の生物多様性．東海大学出版部，175-189pp.

中村麻理子(2010)：沖永良部島におけるセイタカシギの繁殖生態 ―九州での初記録．鹿児島県自然愛護協会，カゴシマネイチャー，11-18pp.

中村和朗ら(1996)：南の島々―日本の自然　地域編 8.岩波書店，197pp.

仲宗根幸男(1987)：あまん―沖縄県産オカヤドカリ属の分類．沖縄県教育委員会，3-15pp.

日本ウミガメ協議会(1994)：ウミガメは減っているか　その保護と未来．

R.B. プリマック・小堀洋美(1997)：保全生物学のすすめ，文一総合出版．34pp.

鮫島正道(1985)：徳之島の動物．鹿児島短期大学紀要(南日本文化)，17:115-143pp.

佐藤正孝(1994)：新版　種の生物学．建帛社，150pp.

佐藤正孝・新里達也(2003)：野生生物保全技術，海游舎，309pp.

椎原春一・鮫島正道(1995)：イシカワガエルの飼育下繁殖，日本動物園水族館雑誌．

土屋公幸(1981)：日本産ネズミ類の染色体変異．哺乳類科学，42:51-58pp.

氏家　宏(1996)：琉球弧基盤の生い立ち　琉球列島の地史Ⅰ．岩波書店，93pp.

W.P. ケッペン原図(1923)：世界の気候区

索引

あ	アオウミガメ		94 150
	徳之島のアオカナヘビ		110
	アオカナヘビ		152
	アオウミガメ		92 150
	アカヒゲ		64 145
	アカマタ		153
	亜種アマミアオガエル		158
	アマミアカガエル		122 157
	アマミイシカワガエル	22 32	116 157
	亜種アマミコゲラ		145
	亜種アマミシジュウカラ		147
	アマミタカチホヘビ		106 152
	アマミトゲネズミ		48 136
	アマミノクロウサギ	22 31 35 41	44 136
	アマミハナサキガエル		120 157
	亜種アマミヒヨドリ		145
	亜種アマミヤマガラ		146
	アマミヤマシギ		74 143
	イソヒヨドリ		146
	イボイモリ		114 156
	ウシガエル		157
	オオシマトカゲ		100 152
	オーストンオオアカゲラ		62
	亜種オーストンオオアカゲラ		144
	オオトラツグミ		66
	亜種オオトラツグミ		146
	オカヤドカリ	40	130
	オキナワキノボリトカゲ	35	98
	亜種オキナワキノボリトカゲ		151
	オットンガエル	30 35	118 158
	オビトカゲモドキ	30 32	90
	亜種オビトカゲモドキ		151
	亜種オリイオオコウモリ		135
	オリイコキクガシラコウモリ		52
	亜種オリイコキクガシラコウモリ		135
	オリイジネズミ		54 134
か	カイツブリ		140
	カラスバト		68
	基亜種カラスバト		143
	ガラスヒバァ	35	
	亜種ガラスヒバァ		153
	カワセミ	133	144
	キジ		141
	クロサギ		140
	ケナガネズミ		46 137
	コアジサシ		80 142
	亜種コイタチ		137
さ	シリケンイモリ		124
	亜種シリケンイモリ		156
	シロチドリ		78 143
	シロハラクイナ		141
	スズメ		147
	スミイロオヒキコウモリ		136
	セイタカシギ		76 142
	セッカ		146
た	タシロヤモリ		151
	ツミ(亜種:リュウキュウツミを含む)		72
	トカラハブ		108
	亜種トカラハブ		154
	トクノシマトゲネズミ		50 136
な	ヌマガエル		157
	ノネコ		138
は	バーバートカゲ		96 151
	ハイ		104
	亜種ハイ		153
	ハナサキガエル	35	
	ハブ	132	
	基亜種ハブ		154
	ハロウェルアマガエル	132	156
	バン		142
	ヒクイナ(亜種:リュウキュウヒクイナを含む)		84
	ヒメアマガエル		158
	ヒメハブ		154
	ヒャン		102
	亜種ヒャン		153
	亜種フイリマングース		137
	ベニアジサシ		82 142
	ヘリグロヒメトカゲ		152
	ホオグロヤモリ		151
ま	亜種マレーシアクマネズミ		137
	ミサゴ		70 141
	ミナミヤモリ		150
	ミフウズラ		86 142
	メクラヘビ		152
や	亜種ヤンバルホオヒゲコウモリ		135
	亜種ヨウシュドブネズミ		137
	亜種ヨウシュハツカネズミ		136
ら	亜種リュウキュウアオバズク		144
	リュウキュウアオヘビ		153
	亜種リュウキュウアカショウビン		144
	リュウキュウアユ	40	128
	リュウキュウイノシシ		56 138
	亜種リュウキュウウグイス		146
	リュウキュウカジカガエル		158
	亜種リュウキュウキジバト		143
	亜種リュウキュウコノハズク		144
	亜種リュウキュウサンショウクイ		145
	リュウキュウジャコウネズミ	133	
	亜種リュウキュウジャコウネズミ		134
	亜種リュウキュウズアカアオバト		143
	リュウキュウツバメ		145
	亜種リュウキュウツミ		141
	亜種リュウキュウテングコウモリ		135
	亜種リュウキュウハシブトガラス		147
	亜種リュウキュウヒクイナ		141
	亜種リュウキュウメジロ		147
	リュウキュウユビナガコウモリ		135
	リュウキュウヨシゴイ		140
	ルリカケス	23 32	60 147
わ	ワタセジネズミ		54
	亜種ワタセジネズミ		134

著者略歴

鮫島　正道　（さめじま・まさみち）
昭和18年　台湾・嘉義市生まれ
昭和57年　鹿児島大学農学部大学院修士課程修了（農学修士）
平成　2年　名古屋大学大学院農学研究科生体機構学（農学博士）
専門分野　博物館学、野生動物学、野生生物保護学、獣医学
現　　在　鹿児島大学農学部客員教授
　　　　　鹿児島県文化財保護審議員
　　　　　鹿児島県環境影響評価専門委員
　　　　　鹿児島県希少野生動植物保護対策検討委員
　　　　　鹿児島県自然環境保全協会理事（前会長）
　　　　　希少野生動植物種保存推進員（環境省）
　　　　　環境カウンセラー（環境省）
　　　　　九州農政局国営事業評価技術検討委員会委員（農林水産省）
　　　　　河川水辺の国勢調査アドバイザー（国土交通省）
資　　格　生物分類技能検定1級（鳥類分野、両生類・爬虫類・哺乳類分野）
　　　　　1級ビオトープ計画管理士（日本生態系協会）
　　　　　獣医師
主な著書　『東洋のガラパゴス』―奄美の自然と生き物たち―（南日本新聞社・平成7年・単著）
　　　　　『鹿児島の動物』（春苑堂出版・平成11年・単著）
　　　　　『獣医麻酔ハンドブック』（学窓社・昭和51年・共著）
　　　　　『ペットの医学』（時事通信社・昭和54年・共著）
　　　　　『野生動物の獣医学』（文永堂・昭和59年・共訳）
　　　　　『川の生きもの図鑑』（南方新社・平成14年・共著）
賞　　罰　平成25年11月1日　鹿児島県教育委員会表彰（文化財保護関連）
　　　　　平成30年9月30日　2018年度地域文化功労者文部科学大臣表彰
住　　所　鹿児島県南九州市川辺町中山田2001-1

世界の遺産
奄美大島・徳之島の自然 上巻
希少野生動物の宝庫

2019（平成31）年4月7日　初版発行
2021（令和3）年10月26日　第2刷発行
　著　　　者／鮫島　正道
　発　行　所／南日本新聞社
　製作・発売／南日本新聞開発センター
　　　　　　　〒892-0816 鹿児島市山下町9-23
　　　　　　　TEL 099-225-6854

ISBN978-4-86074-270-6　定価：1,980円（本体1,800円＋税10％）